悬·疑 探秘世界

可怕的自然谜团

总策划/邢 涛　主 编/龚 勋

重庆出版集团 重庆出版社
果壳文化传播公司

创世卓越 品质图书
TRUST JOY,QUALITY BOOKS

图书在版编目（CIP）数据

可怕的自然谜团 / 龚勋主编. —重庆：重庆出版社，2015.5
ISBN 978-7-229-09828-5

Ⅰ. ①可… Ⅱ. ①龚… Ⅲ. ①自然科学—少儿读物
Ⅳ. ①N49

中国版本图书馆CIP数据核字（2015）第100312号

悬·疑探秘世界
可怕的自然谜团
Kepa De Ziran Mituan

总策划 邢　涛
主　编 龚　勋
设计制作 北京创世卓越文化有限公司
出版人 罗小卫
责任编辑 郭玉洁　李云伟
责任校对 杨　媚
印　制 张晓东
出　版 重庆出版集团 重庆出版社 出版
果壳文化传播公司 出品

地　址 重庆市南岸区南滨路162号1幢
邮　编 400061
网　址 http: //www.cqph.com
电　话 023-61520646
发　行 重庆出版集团图书发行有限公司发行
经　销 全国新华书店经销
印　刷 北京丰富彩艺印刷有限公司
开　本 787mm×1092mm　1/32
印　张 8
字　数 165千
2015年5月第1版
2015年5月第1次印刷
ISBN 978-7-229-09828-5
定　价 19.80元

前言 FOREWORD

可怕的现象激发你的探索求知欲……

恐惧，可以说是人类最本真的心态之一。当你注视深不见底的洞穴，当你置身阴气森森的“鬼屋”，当你听到莫名其妙的声音，当你进入纷繁可怕的梦境……这些时候，恐惧就会油然而生。其实，恐惧本身没什么可怕，我们之所以觉得可怕，是因为对它一无所知。而恐惧又会引发好奇，好奇又是求知欲的源头，如果一个人能把恐惧转化为好奇心和求知欲，学习的过程就会变得趣味盎然。

基于此，我们精心编写了这本新鲜有趣、内容丰富的《可怕的自然谜团》，以满足孩子的求知欲、调动阅读兴趣。本书选材广泛，涵盖了方方面面，为孩子打造出一个阅读世界的好奇王国！在这里，引人入胜的故事题材，扣人心弦的讲述方式，循循善诱的探索过程，丰富多彩的震撼配图完美结合，把枯燥的知识完美融合到生动的故事中去。在这里，孩子们可以从故事中获得独特的惊悚体验，从讲述中寻找精彩纷呈的科学知识。

准备好了吗？快跟我们一起去近距离接触夜幕下的吸血鬼，探索诺亚方舟的秘密，揭开“铁面人”的神秘身份，体会诡谲的催眠术……

目录 CONTENTS

CHAPTER 1 大千世界的奇闻异事

CHAPTER

神秘水域的怪异现象

CHAPTER 3 生物王国的惊人秘闻

CHAPTER 4 历史长河的离奇悬案

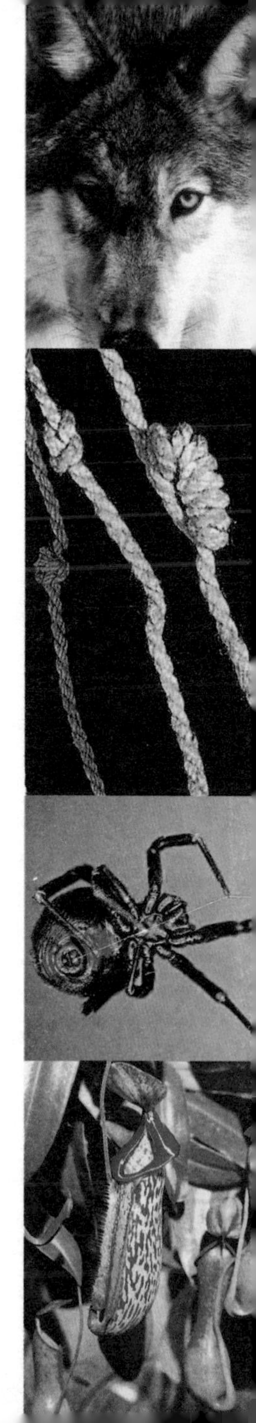

CHAPTER

人体科学的超级难题

MYSTERIOUS

1 CHAPTER 大千世界的奇闻异事

我们生活的地球广袤无边，神秘的地域总是吸引人们不断地去探险。尽管人类已经取得了很大的科学成就，可还是有那么多的谜团未曾解开。你真正认识自己所生活的世界吗？你知道许多怪异的现象是怎么出现的吗？你亲眼见到的，就一定是事实吗？翻开这一章，关于这个大千世界的种种神秘，恰如一幅奇异的画卷，将在你面前徐徐展开。请跟随我们一起去探寻大地的可怕奥秘，去领略山河的奇异风采，去调查古墓的神秘事件……

触摸地球的体温

你知道吗？地球也有“体温”，而且会随着冷热进行变化。我们来触摸一下地球的“体温”，就会发现近年来地球的“体温”一直在升高。那么，这是正常现象，还是地球“发烧”了？

地球在形成的过程中，曾发生过近百次冷与热的交替变化。地球最冷的时候，极地冰川可能延伸到低纬度地区。

例如在我国的亚热带地区就发现了山谷冰川。在两极地区发现的化石告诉我们，地球最热时，在两极地区出现过热带动植物。在那里发现的煤层也证实，那里曾经出现过湿热的气候。

众所周知，地球的热能主要源自于太阳，难道太阳在地球的形成过程中发生了冷热剧变吗？

经过近百年的研究，天文学家得出结论：自地球诞生以来，太阳并未发生过明显的冷热变化。太阳只存在着以11年为一个周期的黑子变化活动，但这种变化是强磁场产

地球经历过复杂的冷热交替时期，就连今天的亚热带地区都出现过冰川。

生的粒子辐射现象，虽然对地球的气候有所影响，但决不会决定地球长期的大规模冷热变化。

太阳并非骤热骤冷，那么亚热带的冰川是怎样形成的？南、北极地的热带气候又是如何形成的？围绕这些问题，科学家们有众多说法。

一是地球内热说。持这种观点的科学家认为，地球内部是一个高温、高压的世界，地球内部聚集的能量有时候会释放到外部，例如火山爆发、温泉喷涌等就是地球释放能量的方式。地球活动造成内热释放，这些能量会引起局部地区气候的变化，从而在历史上呈现出冷热变化的不同阶段。

纵观历史，根据地球历史上的冷热变化规律来看，现在的地球正处于变热的阶段。

二是气候演变“引擎”假说。持这种观点的科学家认为，北大西洋的高纬度地区是气候变化的“开关”，当太阳辐射量减少时，北极冰盖渐渐变大，北极的气候信息再通过大洋传送到全球各处，从而导致地球的气候发生改变。

但是，有研究证明，大气二氧化碳的变化在冰盖变化之前，而且热带的变化也在北极的变化之前。由此，许多科学家提出“引擎”假说——北大西洋的高纬度地区有影响气候的“开关”功能，同时，马六甲海峡附近的西太平洋暖池区也是不可缺少的“引擎”。“暖池区”上空形成了温暖的上升气流，把热量传送四方。这样，热带驱动的碳循环变化也影响着全球气候。在“开关”和“引擎”的共同作用下，全球气候进行着有规律的演变。

三是人为热。持此观点的科学家认为，随着工业和运输业的迅猛发展，地球上每天都有近500万吨的二氧化碳被释放到大气层中。二氧化碳等“温室气体”对来自太阳辐射的可见光具有高度的透过性，而对地球反射出来的长波辐射具有高度的吸收性，这样一来，大量的热量就容易被包裹在大气层中，这就是常说的“温室效应”。这部分科学家认为，人为热造成的温室效应，让地球变暖的速度和幅度都大大增加了。

关于地球气候变化的成因，真可谓众说纷纭，莫衷一是。尽管科研之路充满坎坷，但科学家们不会止步。因为气候是人类生活的重要自然条件，认识气候的变化规律，对于预测未来气候的发展趋势，无疑有着相当重要的意义。

脚下的陆地在移动

19世纪末20世纪初，人们对地球整体地质构造的了解几乎是一片空白，根本没有系统的研究，更别说有什么比较成熟的学说了。

德国地质学家魏格纳对这一命题一直很感兴趣，但苦于这个冷僻的命题资料稀少，很久以来，他也没找到一个科学的解释。

1910年的一天，病床上的魏格纳百无聊赖地盯着墙上的地图，突然发现了一个惊人的现象：大西洋两岸的陆地轮廓非常切合，仿佛是同一块陆地分裂开来的。他吃了一惊，接着看了其他几块陆地，发现五大洲大致能拼成一整块完整的大陆。一个大胆的假设出现在他的脑海里。

康复后，魏格纳根据考察结果，提出了系统的大陆漂移假说。他认为古大陆是连接在一起的，由于地壳运动，古大陆分成几块，缓缓漂移，逐渐形成了现在的大陆格局。后来，在大陆漂移假说的基础上，又形成了板块构造学说。

板块构造学说一经问世，就受到了许多科学家的大力赞同。

但是，这种学说虽然成功地解释了地质学上的诸多问题，但针对它的各种争议也不断出现。

这些争议中，最激烈的一点就是大陆漂移的动力来源问题。多年来，科学家们对此争论不休。

有的科学家认为，地核是地球中温度极高且极不平静的区域，其外核的温度之高足以媲美太阳表面。如此高的温度使得与地核相邻的地幔物质呈塑性状态。而在相对温度存在差异的地幔层，塑性的地幔物质在热量交换的作用下开始产生对流。这种地幔物质的对流作用在地壳岩石圈相对薄弱的大洋深处时，便会造成海底岩石的不断更新。新的岩石在大洋中脊的火山作用下不断产生，旧的岩石被挤压到与大陆相邻的海沟中，最终被地幔物质所熔化。

我们一般用扩张速率来表示海底扩张运动的强度，地质学上通常以一侧的速率来表示这种强度。比如，太平洋的扩张速率为5～7厘米/年，大西洋的扩张速率为1～2厘米/年。

同时，大洋的这种更新运动也推动着大陆板块的移动，并在板块的陆地边缘形成高山和峡谷。这种学说被称为海底扩张学说。

有的科学家则认为，是太阳给大陆的漂移提供了动力。20世纪60年代，美国科学家发现了一种来自太阳的微小粒子“中微子”，它不带电，可以自由地穿过地球而不与任何物质发生反应。

一部分中微子在穿过地球时被地幔所吸收，其释放出来的能量使这一区域的物质熔融，形成了具有流动性的软流层。大陆坚硬的岩石板块由于密度没有地幔物质高，所以就漂浮在这一软流层上面。同时地幔中的巨大能量导致地幔不断膨胀，在膨胀的压力下，软流层形成水平的移动，从而使附着在岩石板块上的大陆板块一起移动。

还有的科学家认为，地球的磁场是大陆漂移的动力。他们认为质量只占地球总质量2.6‰的地壳由于和具有流动性的地幔不是一个整体，所以在地球的旋转过程中地壳与地球的其他部分必然有一个速度差。而且地球自转并不是垂直的，而是有一个倾斜的角度，这样一来，必然导致地壳和内部旋转速度的差异。

再加之太阳、月球等天体的引潮力，天长日久，外表的地壳和内部的地核旋转速度的差值会越来越大，这样就会导致地球磁场的位置发生变化。

这种状况下，地壳必须做出相应的变化才能保证整体的平衡。正是这种变化使地壳做出旋转运动来保持平衡状态，这种运动虽然幅度较小，但日积月累就造成了大陆漂移。

引起大陆漂移的动力究竟是什么？相信随着科学技术的发展，我们一定能找到正确的答案。

北纬30° 难解之谜

如果你翻开地图，查看四大文明古国的地理位置，就会发现一个奇特现象：神秘的四大古国，竟然被同一条纬线穿过。这是巧合还是必然？翻开历史的卷章，查看北纬30° 的种种现象，不得不承认，这是一把打开地球记忆之门的神秘钥匙。

孕育人类最早文明的河流大多集中于这一纬线上，像埃及的尼罗河、伊拉克的幼发拉底河以及我国的长江等，均在北纬30° 附近入海。

在这一纬线上，奇观绝景比比皆是，自然谜团频频发生。如地球上最高的珠穆朗玛峰和最深的西太平洋马里亚纳海沟，它们分别是地球的最高点和最低点，都在北纬30° 附近；约旦的死海和加勒比海的百慕大群岛，两个彼此远离却同样神秘迷人的海域，也在这一纬度附近。不仅如此，莫名消失的远古玛雅文明，留下令人思索的文明碎片；史书记载中精美绝伦的巴比伦空中花园，至今未寻到遗址在何处；古埃及的金字塔及狮身人面像，至今令人众说纷纭；北非撒哈拉大沙漠的“火神火种”壁画，绚丽的色彩诉说的故事无人能知；我国安徽的黄山风景优美，人文遗产更是丰富多彩……北纬30° 附近的奇观绝景多得数不胜数。

令人意外的是，北纬30° 附近从古至今也是灾难频发的地带，地震、火山、海难和空难等在这一带时有发生。如举世闻名的百慕大海域，自16世纪以来，那里已有数以百计的船只和飞机失踪；伊朗、巴基斯坦、中国、日本以及非洲中部的国家和地区，频繁发生地震的地带都在北纬30° 附近。

北纬30° 为什么会成为一个造就灿烂文化，同时又怪事迭出、灾难频发的神秘地带？种种神秘现象只是巧合吗？对此，科学家们做出了多种解释。

有的科学家认为，从自然条件看，北纬30° 正好处于亚热带和温带的过渡地带，是最适合人类生存的地带。比较丰沛的降水和比较茂盛的植物让这里的环境温和适中，形成了一个人类聚居的地带。特别是在生产力水平较低的古代，这种优点就更加突出。自然环境温和，让生存率大大增加；人类仅仅靠自然的供给，就得到丰富的食物。正是这两个原因，使这里的早期人类顺利地繁衍至今，进而早期文明在这个地带得到迅猛发展。

北纬30° 是个神秘的地带，许多壮美的名山大河都位于这一纬度。

还有的地质学家认为，北纬30° 附近的灾难现象有一定的必然性。这

一地区被称为“地球的脐带”，其磁场、电场、重力场对人和环境都有着微妙的影响；而且这里是几大板块的交接地带，地质活动比较活跃，因此自然灾害频发。所以，这一区域存在着世界最高峰、最深的海沟以及百慕大等现象也就不足为奇了。

我国有些学者则利用国内传统哲学理论对北纬30°现象提出一种玄妙的解释，他们认为，我国的“天人合一”论就能证明北纬30°现象。我国传统医学认为人体是一个独立的小宇宙，气血运行于奇经八脉之间。如果把人当成地球的话，那么北纬30°附近正是人体中的“丹田”。丹田是人体的经络、穴位最集中的地方，因此北纬30°奇妙现象云集也就不难理解了。

虽然存在多种解释，但假说并不等于事实，直到现在我们也无法将难解的北纬30°现象弄清楚。

南北换极疑云

这一刻，整个世界陷入一场可怕的灾难中。地球上的电磁场全部崩溃，世界一片混乱。波士顿街头，装置心率调整器的人瞬间停止心跳，暴毙街头；旧金山的地标建筑——金门大桥突然断成两截，行人纷纷落入海中；伦敦特拉法加广场的鸽群失去辨别方向的能力，像无头苍蝇一样到处乱撞，击碎窗户，撞击车辆，车祸频频发生，造成伤亡无数；罗马街头，密集的闪电同时劈下，屹立千年的古罗马竞技场竟然在众目睽睽之下被劈成碎片……

这是著名灾难片《地心毁灭》中描述的南北换极的场景。那么，电影中描述的场景真的会发生吗？南北换极对人类来说是一场致命的毁灭吗？世界末日真的会来临吗？玛雅人关于末日的预言会实现吗？

这些问题困扰了人们许久，就现在来看，南北磁极转换的说法，究竟是科学还是谣言，人们对此议论纷纷，莫衷一是。

要想搞清楚这些问题，就得从地磁来源入手。科学家指出，地核周围的熔融体，即铁流体，就像一部“发动机”，不断地将巨大的机械能转化成为电磁能，这样就形成了地磁场。而铁流体作为一种熔融体，有时会形成巨大的旋涡，迫使自己的流向发生变化，这就引起了地球磁场的改变。

科学家们研究发现，地球自诞生以来，其磁场强度一直在发生细微变化。近300年来，地球磁场强度减弱了约10%。近50年来，地球磁场强度减弱的速度越来越快，目前这种减弱的趋势似乎还在加剧。南大西洋的磁场强度衰减表现得尤为明显，20年里减弱了1%。

科学家们指出，如果地球磁场强度按现有的速度递减，那么再过几十万年，地球磁场可能会完全消失，从而导致地球磁场南北两极大逆转。据考查，6000年前地球磁场曾减弱到现今的水平，后来逐渐恢复，3000年前又出现过一次磁场衰减的过程。现在地球磁场的衰减要持续多久？地球磁场是否会衰竭？我们是否正处于一个地球磁场两极方向颠倒的开端？目前，科学家们虽然已建立了地磁逆转的模型，但却还不能完全解释清楚产生这种逆转的机理。

那么，地球磁场为什么会发生变化呢？有人认为，这可能是地球被巨大的陨石猛烈撞击后导致的结果，因为猛烈的撞击能促使地球内部的磁场身不由己地逆转。也有人认为，这与地球追随太阳在银河系里漫游有关。因为银河系自身也带有一个磁场，这个更大的磁场会对地球的磁场产生影响，从而促使地球的磁场会像罗盘中的指针一样，随着银河系磁场方向的改变而不断变化。

如果科学家们关于磁场逆转的预测是真的，那么结果将是灾难性的。许多依靠磁极迁徙的动物将会“方寸大乱”。几万年来，蜜蜂、鸽子、鲸鱼、鲑鱼、红龟、津巴布韦鼹鼠等动物形成了一种依赖磁场“导航”的本能，一旦磁场消失，它们的命运如何，就没法预料了。而对于人类来说，最致命的莫过于人们将直接暴露在强烈的紫外线辐射之下。现在，强烈的太阳风之所以不能抵达大气层，没有威胁到地球生物，正是由于地球磁场的“拦截”作

两极都是神秘的冰雪地带，难道在某个特定的时期，它们真的能相互调换磁场吗？

用。如果地球磁场消失，太阳风将会猛击大气层，并且会加热大气层，从而引起全球气候剧烈地变化。此外，太阳风还会损坏所有位于地球近地轨道上的导航和通信卫星，并使地球上的生物受到强烈辐射的伤害，从而面临灭绝的危险。

另外，也有一些科学家认为地球磁场强度减弱只是地球磁场正常的波动，因此人们不必大惊小怪。关于地球磁场将逆转的说法究竟是危言耸听，还是未来将要发生的事实，还亟待人们继续探索。

太阳们的天空争夺战

2011年3月，一个普通得不能再普通的日子，澎湖岛上的人们一起床，就惊愕地发现了一件奇事：天空中竟然出现了两个太阳的奇观。两个太阳就像双胞胎一样，并排着高挂在天上。

又震惊又好奇的人们拍了很多照片传到了网上。这些照片立刻引发各地网友的热烈讨论。

其实，这种奇特的现象并不是第一次发生了。

1933年8月24日上午9点45分，我国四川峨眉山的上空，出现了一种奇异的景象：在原来的太阳左边和右边，各出现了一个太阳。看到此番景象的人们议论纷纷，惊奇不已。

1934年1月22日和23日的古城西安，早晨9点以前人们看到太阳周围出现明亮的晕圈，光线灿烂无比。过了9

点，天空竟然出现了3个太阳并排高悬的奇观，一直到下午5点左右才慢慢消失。

1965年5月7日下午4时25分和6月2日晨6点左右，在南京浦口盘城的上空，接连两次出现了三个太阳并列出现的景观。

1981年4月18日8点半，我国海南岛东方县板桥的居民，突然看到天空中间同时出现了5个红艳艳的太阳，3个在东，2个在西，从地面上看去，它们之间相隔百米，中间还有一条绚丽多彩的光圈相连接。在这5个太阳中以东西居中的那个最为明亮，其余的都略为暗淡。这一奇景一直到10点左右才慢慢地消失。

2007年11月14日下午3点左右，许多哈尔滨市民惊奇地发现，天空中出现了两个太阳。一个是看上去跟正常太阳无异的太阳，还有一个是比正常太阳暗一些的“太阳”，在云中光芒四射。

看看历史记载，中外史书上都有多个太阳同时出现的相关记录。看来，多个太阳同时出现在空中并不是现代才有的奇观。

难道中国神话中“后羿射日”的传说是真的？天空中真的有不止一个太阳？如果不是，那么“多个太阳”的情景又是怎么出现的？

许多人纷纷猜测：这是灾难发生的预兆吧！常态下，太阳只有一个，如果一旦出现两个太阳，肯定就是预示着一场不同寻常的灾难……

当然，这种说法只是谣言，在疯狂地流传一段时间

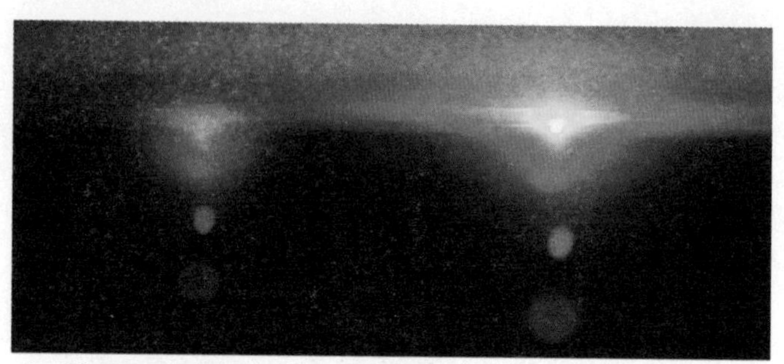

“两个太阳”同时出现在天空，令大家啧啧称奇。

后，得不到证实，自然不攻自破了。那么，从科学角度解释，这又是什么原因呢？有人提出猜测：难道宇宙中还有另一个太阳？它或许类似于彗星一样，只在很偶然的时候，才能被地球上的人看见？但是这种看似科学的说法也经不起推敲。彗星的轨道是细长的椭圆形，而恒星的轨道不可能那么细长。

终于，气象学家给出了正确答案：这是一种自然界的光学现象，叫做幻日。

我们的地球是被厚厚的大气层包围着的，大气层中不仅有各种我们熟知的气体，也有水蒸气和小冰晶。水蒸气和小冰晶在一定的条件下，能变成非常小的柱状或片状的雨滴、水汽，从高空缓缓下降。在这个过程中，雨滴和水汽受到日光或月光的照射，就会产生折射。

日光是由七种色光组成的，不同色光的折射率不同。比如，红光的波长最长，折射率最小；紫光的波长最短，折射率最大。因此，光线被柱状的雨滴、冰片折射后，偏转的角度也有不同，这样就形成了内红外紫的彩色光环，这种光环就叫晕。由于水滴的形状、大小不同，折射产生的晕也是不同的，有光线强的内晕和光线弱的外晕之分。而且，只有在满足最小偏向角的条件下，才能形成晕。

冬天，当高空的水滴凝结成细小的六棱形冰柱时，如果太阳光恰好从侧面进入冰柱，而且能满足最小偏向角的条件，那么在内、外晕之间，靠近太阳两旁，与当地太阳同一高度的地方就会出现幻日。而出现幻日的多少、明暗、大小则根据高空小冰柱的分布情况而各有不同。因此，一般来说，处于中间位置的太阳是真正的太阳；旁边的太阳，是太阳光经过高空中的六角形冰柱折射而来的。这样，在人们的眼中，真太阳的两边就出现了另外的太阳，但事实上，它们只是太阳的虚像而已。

虽然平时飘浮在空中的六角形冰柱很多，但它们常常是不规则排列的，所以不能形成多个太阳的奇景。只有在合适的情况下，幻日这种光学现象才会出现。因此，人们不会经常看到“多个太阳”的情景，而一旦目睹这类奇观，自然会引发好奇的猜测和讨论。

熊熊燃烧的龙卷风

一条数米高的龙卷风，燃烧着熊熊烈火，旋转着前进。所经之处，草木都被焚烧殆尽，人们纷纷逃散，交通也一度堵塞。这可怕的情形让人们惊慌失措，消防人员仰望着高高的“火龙”无法下手，当地政府不得不出动直升机进行灭火。

这惊悚的一幕可不是什么灾难电影的场景，而是2010

年8月24日在巴西真实发生的事情。

熊熊燃烧的龙卷风即火龙卷，不仅仅出现在巴西，在历史上也有相关的记载。

在美国的威斯康星州，有一处龙卷风纪念公园，这是为纪念1871年的一场罕见的火龙卷建造的。当时，威廉森维尔村庄被这场火龙卷夷为平地，村里77个居民中仅有17个幸存。

故事发生在1871年10月8日，一场罕见的森林大火席卷了威斯康星州东北部的格林贝湾两岸。

当时的10月初，那里是典型的晚秋晴暖天气：微风阵阵，空气温暖干燥。在发生火灾前几周的时间里，这里曾发生过几起小灌木林和森林的起火事件，这些小火灾大多是伐木工人遗留下来的大量枯枝，在高温情况下燃烧起来的。风小的时候，伐木工人和附近的居民还能够控制住火势。

但是，10月8日正好是一个星期天，西南风也增大了许多，这使许多分散的小火发展成熊熊燃烧的大火。不幸的是，气温同时显著升高。从气温观测站的观测记录看，10月7日最高气温为19℃，而10月8日则上升为28℃，涨幅高达9℃。到10月8日晚，两处主要的森林大火从格林贝城附近开始慢慢地向东北方移动，虽然居民们全力抵抗，想阻止大火的蔓延，但是徒劳无功，烈火无情，毁掉了大量的住宅。从弗兰克恩到佩什蒂戈，所有村庄都被烧毁。

据大多数目击者描述，那场大火伴随着强烈的大风：大量大树被风扭断，甚至连根拔起；各种建筑物的屋顶被掀飞；风卷着火舌，形成龙卷风状的旋涡，并发出跟龙卷风到来时一样的呼啸声。

当时，佩什蒂戈附近农场的一位目击者详细描述了自己的经历：“当时我听到龙卷风到来前的呼啸声，就立刻逃出了屋子。我看到远处树顶上，有个跟气球一样大的黑色物体，正在旋转着向我家房子靠近，一到房顶的位置，就发出‘轰隆’一声，好像爆炸了一样，四处冒火，我家立刻就成了一片火海。”

另一位目击者布鲁克说：“我听到一阵嘈杂，跑到后门去查看正在逼近的风暴。正在这时，只见一个圆形的、像云一样的东西向我这里靠近。于是，我赶紧跑出了屋子，但风很大，门怎么也关不上。这时，那个大球已经来到了我家，发出一声巨响爆炸了，我家刹那间被一大片火焰包围了。有一团火甚至从后门的门缝钻进了屋子里，很快就席卷了整个屋子，一直烧到了前门；从地面到屋顶，处处都燃烧着熊熊大火。家人非死即伤。”

灾难发生后，据调查结果看来，布鲁克的房子离林区有很长的距离，如果林区发生一般的火灾，布鲁克的房子是绝对安全的。可是，他家除了地下室的石墙、倒塌的火炉、熔化的烟筒和破碎的瓦器外，其他都被烧成了灰烬。

为什么会发生这种悲剧呢？气象学家指出，大火可引起一系列旋涡，其强度从旋风那样的小旋涡，到强烈的龙卷风不等。这种旋涡可引发风暴性大火和森林大火。这种旋涡的形成原理跟普通龙卷风的形成原理是一样的。它的特征也跟普通龙卷风一样：中心上空有强烈的上升气流和很强的地面旋风。比如，1943年7月27日汉堡市的大火，据报道，地面风的强度甚至超过了飓风的强度。

所以，1871年10月8日晚，威斯康星州东北部的居民看到的“森林大火”其实是一种“火龙卷”，正是这种罕见的风暴破坏了他们的家园和田地。

地平线上的诡谲夜光云

1885年，一位英国画家在傍晚时注意到高空有一片略带蓝色的云彩。奇怪的是，这种云就像块明亮的玻璃，能透出云后闪烁的星星。

后来，人们陆续在全球各地都看见过这种神秘、曼妙的云彩。它一般呈现出蓝白相间的色泽，在傍晚时出现，在天边形成长长的一片，闪烁着美丽的亮光。一般来说，这种云彩在高纬度地区比较常见，被称为夜光云。这是一种罕见的云团，近100年来有过记录的观察不过800多次，是科学界迄今了解最少的气象现象之一。

夜光云看起来有点像卷云，但是比它薄得多。这种云往往出现在中高纬度地区夏季的黄昏后或黎明前。在这一特定时间发现夜光云是非常自然的，因为夜光云很薄，太早的话，会因为其太薄而看不见；太迟的话，它又会落到地球的阴影中。

这种不同寻常的云彩引起了科学家的兴趣。调查结果更加令人吃惊：这种云彩竟然出现在距地面85千米的地方！地球的大气层从下到上依次分为对流层、平流层、中间层、热层、外逸层几个部分。一般来说，云彩都是出现在对流层的，从平流层向上水汽含量很低，基本无法形成云彩。可是，夜光云怎么会越过平流层，从对流层直接“跳”到中间层呢？

许多科学家认为，这可能是由于垂直方向上重力波的衰减作用造成的。由于各种异常的原因，重力波可能在某些地方减弱，从而导致了低层大气向上空的动量传递。这样，许多水汽和冰晶就向上跑到了中间层中。这些极为细小的冰晶散射太阳光，就形成了夜光云。当太阳在地平线以下6° ～12° 的时候，低层大气在地球的阴影内，而高层大气的夜光云恰好能被日光照射，地球上的我们才能用肉眼直接观察到夜光云。一般认为，形成夜光云需要三个条件：低温、水蒸气和尘埃，这样水蒸气才能凝结成极小的冰晶。我们知道，云是由小水滴或冰晶构成的，然而高空的大气非常稀薄，几乎没有尘埃和水汽，怎么会出现夜光云呢？

夜光云跟普通的云不同，它竟然是在高层大气中形成的。

因此，有的科学家提出这样的观点：近年来温室气体的排放量大大超过了自然产生的量，温室气体使低海拔地区的气温升高，使高海拔地区的气温下降，进而为高空中夜光云的形成

创造了条件。另外，在急剧增加的温室气体作用下，高空会形成更多的水蒸气。

也有科学家提出反对意见，认为温室气体对大气层的影响不会这么大，他们认为夜光云是由流星灰构成的。

同时，又有一部分科学家认为人为因素比较重要。他们认为人造卫星和火箭的活动是造成夜光云的重要因素：它们排出的水汽凝结成冰晶，形成了夜光云。但是高空探测结果表明，构成夜光云的物质远比我们想象的要复杂。

许多研究夜光云的项目已经启动，但对于夜光云的成因，至今没有形成一个权威的说法。

美丽的死亡预兆

1948年6月27日，在日本奈良市的天空，突然出现了一条壮观的带状云。

这种云漂亮极了，基本呈直线，贯穿了整个天空，好像把天空分成了两半。长长的云条在阳光的照耀下闪现着奇异的美感。奈良市的市长亲眼目睹了这一切，这种异常的美景给他留下了深深的印象。

就在美丽的怪云出现后的第二天，日本福井地区发生了7.1级的大地震——著名的福井大地震。这次大地震来得迅速又猛烈，建筑物瞬间被摧毁，人们纷纷逃难。屋漏偏逢连阴雨，大地震又引发了火灾，整个城市陷入一片凄惨的混乱中。灾难致使死亡人数达到了近四千人。

消息迅速传遍了全国，奈良市的市长想起了自己前一天看到的奇异云彩，认为这种云彩是大地震的预兆。他的论断得到了日本九州大学工学部气象学家的支持，气象专家认为，这就是地震云。

无独有偶，类似记载不仅仅出现在日本。早在17世纪的中国，古籍中就已经有了地震云的相关记载："昼中或日落之后，天际晴朗，而有细云如一线，甚长，震兆也。"

清朝的王士祯在其著作《池北偶谈》中"地震"一节，也记录了1668年山东郯城8.5级地震前的征兆："淮北沭阳人，白日见一龙腾起，金鳞灿然，时方晴明，无云无气。"

而且，随着现代科技的发展和信息交流的加快，相关的报道和记载也越来越多。我们不禁产生了疑问：地震真的能用奇异的云彩来预测吗？这种美丽的云彩，难道是死亡的预兆吗？

要知道，地震预测至今还是个难题，目前还没有一种系统的、有效预测地震的方法。难道仅凭天空中的云，能做到这一点吗？

对地震云的"预言"能力，科学家们众说纷纭。要探究它的预言能力是否真的存在，就要先找出地震云形成的原因。

对此，一些科学家提出了"热量学说"。他们认为，地震即将发生时，地震带聚集了大量的地下热量，而且岩石受到强烈的挤压或拉伸，发生激烈的摩擦，产生了大量热量。这些热量从地表逸出，让空气增温，并产生上升气流，这种气流上升到高空，就形成了"地震云"，云尾端指向的地方就是地震发生处。

但有的科学家并不认同这种说法，他们认为气流并不具有如此高的稳定性。而且，如果按这种成因来看，地震云与普通云的区别并不大。

于是，“电磁学说”又进入到大家的视线中。这种说法认为，地震前岩石在地应力的作用下，出现“压磁效应”，受到这种作用，地磁场局部开始发生变化。变化的电磁波影响到高空电离层，因此高空电离层的电浆浓度锐减，这种变化让水汽和尘埃产生了有序排列的现象，就形成了地震云。

还有一部分科学家坚持“核辐射说”。他们认为，地震发生前，地球内部产生了比较强的辐射，这时，大量穿透力极强的离子可以穿过地壳进入大气，在水汽比较充足的情况下，水滴就沿辐射轨迹凝聚成云，形成了地震云。这个说法也被叫做“地震的核爆炸假说”。

这些说法虽然各有道理，但是各有优缺点，没有一种可以完整地解释地震前出现的这种现象。

也有人认为，“地震云”的必然性尚缺乏实验数据，所以，“地震预兆”的出现，也可能是一种巧合。

地震云的出现究竟是巧合还是必然，其成因究竟如何，还有待进一步考证。所以地震云的成因至今还是个谜。

地震云常常以柱状出现。

暴雨中的鬼影

3600多年前，印度河中央岛屿上有一座古老的城市——摩亨佐·达罗。这个城市是古印度文明的发源地，人们在这里平静地生活着。

有一天，大家跟平时一样，有的在沿街散步，有的在家中休息，有的忙忙碌碌地工作着。

可是，一场大雨突然降临，紧接着，强烈的白光和黑影交杂着袭来，整个城市熊熊燃烧起来。紧接着是无名的毒气和大爆炸，一个繁华的城市瞬间毁灭了……

从此以后，这个古城变成了杳无人烟的废墟，随着时间的流逝，古城慢慢地被埋到了地下……

直到 1922 年，古城遗址才第一次被印度考古学家巴纳尔仁发现。在发掘过程中，人们发现了许多人体骨架，人体的姿势还保持着生前的样子。看来，灾难是突然间降临的，全城四五万人几乎在同一时刻死于一场来历不明的惨祸。

那么，到底是什么灾难具有这么大的威力呢？古印度长篇叙事诗《摩诃婆罗多》也提到过这一事件：一阵耀眼的闪电和无烟的大火出现，紧接着是惊天动地的爆炸，爆炸引起的高温使得水都沸腾了。

这种情形很像核爆炸，难道数千年前的人类文明，已经可以制造出核武器了吗？难道真的有外星人入侵，制造了这一惨祸？还是有某种神秘的鬼魅力量，造成了古城的灭亡？

仔细一想，这些说法都经不起推敲，也找不到有力的证据。

终于，经过科学家多年的研究，神秘的“鬼影”终于现身：这场灾难是由黑色闪电和球状闪电引起的。据说，在摩亨佐·达罗的大灾难中，至少有3000团半径达30厘米的黑色闪电和1000多个球状闪电参与，所以才有如此大的威力。

那么，黑色闪电到底是什么呢？它怎么能在人们不知情的情况下，瞬间把整个城市置于死地呢？

原来，由于阳光、宇宙射线和电场的作用，大气中会形成一种化学性能十分活泼的微粒。这种微粒可以凝结成一个又一个核，在电磁场的作用下，小核慢慢聚集到一起，像滚雪球一样，越来越大，从而形成大小不等的球。

这种球有“冷”球与“亮”球两种。“冷”球没有光亮，也不会放射能量，能存在较长时间。“冷”球形状像橄榄球一样，发暗，不透明，只有白天时才能看到，科学家叫它为“黑色闪电”。“亮球”是白色或柠檬色，它并不伴随着雷电出现，而是可以在空中自由移动，或者在地面停留，还可以沿着奇异的轨迹快速移动，一会儿变暗，一会儿再发光。黑色闪电一般不会出现在近地层，一旦出现，就非常危险。黑色闪电一般为瘤状或泥团状，乍看上去像一团脏东西，非常容易被人们忽视。但它本身带有大量的能量，一旦遇到摩擦，或遇到易燃物，很容易爆炸。

很多科学家推测，摩亨佐·达罗的毁灭之谜正与黑色闪电有关。大气在形成黑色闪电的同时，也能生成含有剧毒物质的毒化空气。古城的居民先是被毒气折磨了一会儿，接着，一个黑色闪电触发了爆炸，迅速带动周围的黑色闪电，连环爆炸形成了核武器一般的巨大威力，短短几秒内就把古城夷为平地。

毁灭古城的“元凶”被找到了，那么，我们该如何防护呢？一般来说，黑色闪电的体积较小，一般的避雷设施对黑色闪电起不到防护作用。因此，黑色闪电常常会抵达防雷措施极为严密的地方，如储油罐、储气罐、变压器、炸药库附近。至今还未找到有效防护黑色闪电的方法，因此，如果在暴雨中看到来历不明的黑色物体，还是避开为好。

喷冰的火山

虽然没有多少人亲眼目睹过火山爆发的场景，但从电视上的画面和书中的描写中，大家一定都间接地体验过：在巨大的轰鸣声中，整个山体震颤着，火红的岩浆从火山口喷涌而出，四下流淌；浓浓的烟雾紧随而来，迅速笼罩了天空；火山灰呼啦啦地升起又落下，重重地覆盖在大地上，形成厚厚的一层……

火山喷发，给人的感觉总是火爆、剧烈、灼热、可怕。可是，谁能想到，有的火山非常奇怪，它喷发的不是灰土、沙砾和岩浆，而是冰！

冰岛北部的格里姆斯维特火山就有过一次这样的奇特喷发。那场面十分壮观：轰隆隆的火山颤动后，从火山口涌出的不是滚滚的岩浆，而是大量的冰块。形状各异的冰棱和冰块喷涌而出，被巨大的冲力抛向高空中，然后重重地落在地上。

目睹这一情景的人们都惊呆了：这是怎么回事？难道是自己的眼睛花了，还是出现了灾难的预兆？

更令大家吃惊的是，这次奇异的火山爆发并不是只有短短的一瞬间，而是持续了两周之久！

后来，根据科学家的统计，格里姆斯维特火山这次喷发，平均每秒钟喷射出来的冰块大约有420立方米，在高峰期可达2000立方米。这次火山爆发所抛出来的冰块总共约有1.3万立方米。

这实在太奇怪了！众所周知，火山活动时，肯定会产生非常高的温度，就算是岩层中有冰块，那冰块怎么能不融化呢？

有人对这种说法提出了质疑，认为这不过是以讹传讹罢了。可是，格里姆斯维特火山喷发过两次，这还能是简单的误会吗？

火山为何会喷冰呢？科学家对这些火山进行了研究后，提出了一个说法：这些火山喷出的冰，并不是真的从火山内部喷出来的。由于这些火山都处在高纬度，火山顶常常覆盖着非常厚的冰层。当埋藏在冰层地下的火山苏醒时，巨大的冲力就掀开了冰块，把大量的冰块击碎、抛到空中，给观看的人们造成了一种“喷发冰块”的错觉。这是高纬度火山的特有现象之一。

许多人都觉得这种解释比较合理，但也有人反对。

火山喷冰的景观看上去非常壮丽。

反对者认为，冰层虽然厚，但火山喷发时产生的热量非常巨大，足以融化上面的冰层。

又有科学家给出了解释，因为有的火山喷发时气体居多，所以产生的热量并不是特别巨大，而火山喷发的速度又非常快，厚厚的冰层还来不及融化就被抛到了空中，这不足为奇。

紧接着，又有人对这一说法提出了疑问：就算是如此，那么短期内的喷冰现象还可以用此来解释，但格里姆斯维特火山喷发达两周之久，再厚的冰层也会被融化得干干净净了吧！

火山喷冰引起了很多人的思考。那么，这种“冰”是我们常见的水结成的冰吗？那么，如果不是，它又会是什么物质？

大家自然想到了另一种冰状的物质——干冰。由于高压，二氧化碳在地下形成了天然干冰，在偶然的情况下，干冰随着压力喷射出地表，形成了奇特的火山喷冰现象。

可是，新的问题又出现了：大家都知道，干冰在常温下会升华为气体，这么说来，干冰喷出地表后，在很短的时间内就会变成气体。但是许多火山喷出来的冰，确实是货真价实的冰块啊！

有的人给出了新的回答，因为大量的干冰在升华过程中会带走大量的热量；跟干冰同时喷出地表的，还有很多很多水蒸气，这些水蒸气在骤降的温度下凝结成真正的冰块。

至今，科学家对奇特的火山喷冰现象还没有一个完美的解释。看来，这一谜题仍有待专家学者去解决。

通向地心的幽谷

你看过法国科幻小说家儒勒·凡尔纳写的《地心历险记》吗？主人公发现地心有一个别有洞天的世界，就跟朋友开始了一场丰富多彩的冒险。

科幻小说毕竟是虚构的，那么，现实生活中真的有通往地心的通道吗？

在非洲阿尔及利亚的朱尔朱拉山，有这么一个充满神秘色彩的幽谷——阿苏伊尔幽谷。这是非洲最深的大峡谷。它的奇特之处在于，虽然很多人喜欢来这里旅游和探险，但阿苏伊尔幽谷到底有多深，从来没有人能探查清楚。谷底到底是什么样，自然就更没人知道了。

这种神秘色彩引起人们纷纷猜测和探险：难道这真是小说中通往地心的通道吗？难道真的有地心世界存在？

神秘的事物总是能吸引人们的注意力和好奇心。1947年，阿尔及利亚国内的探险者和一些外国专家组成了一支联合探险队。他们准备好装备，来到了阿苏伊尔幽谷，准备探明它到底有多深。他们经过慎重考虑，挑选了一个身强力壮、经验丰富的探险队员首先进行尝试。

大家准备好了拴着深度标记的保险绳，让这个探险队员系到身上，探险就正式开始了。这个队员朝幽谷里看了一眼，深吸一口气，就顺着陡峭的山崖一步一步地滑了下去。其他探险队员在上面紧紧地抓着保险绳，保护他的安全。随着时间一分一秒地过去，100米、300米、500米……保险绳上的标记也在一点一点移动着。

这个时候，下面的探险队员还在一步步地向谷底摸索着。可是，下到505米的时候，他还是没有看见谷底。探险队员向下看了看，幽谷依然深不见底。他心里突然一阵发慌，心想：这要是再往下走，恐怕会遇到危险呀。根据以往的经验，现在到了该放弃的时候了，如果硬撑，可能会产生意想不到的后果。于是，这个探险队员拉了拉保险绳示意队友自己要返回地面，上边的探险队员赶紧把他拉了上来。

这次探险活动就这样结束了。人们对阿苏伊尔幽谷的秘密仍然一无所知，只是把谷深的记录刷新到了505米。

1982年，另外一支考察队来到了阿苏伊尔幽谷，他们决心一定要超过505米的深度。只见一个资深的探险队员系好了保险绳，慢慢向谷底滑了下去。可是，当他下到810米深的时候，怎么都不敢再往下走了，只好放弃，爬了上来。

这时，一个对山洞有着丰富经验的洞穴专家已经系好保险绳："我来试试吧！"他镇定地向谷底看了看，就一点一点滑了下去。

上面的人们睁大了眼睛，死死地盯着保险绳上的标志——800 米，810米，820米……突然停住了。大家不禁屏住了呼吸，只见保险绳又往下滑动了1米。

山顶上的人们不由得为这个洞穴专家捏了一把汗：他现在的情况怎么样？为什么又停止了？他还能不能再往下走？可是幽谷深不见底，从上面向下看，只有郁郁葱葱的植物和大块的岩石。

再说那个洞穴专家，他沿着陡峭的岩石一步步下到821米深度的时候，稍微休息了一会儿。他深深地吸了一口气，抓紧保险绳，准备再接着向下走。可没想到这个时候，洞穴专家突然出现了一种莫名其妙的恐惧，他连朝下面看一眼的勇气都没有了。他内心挣扎了一会儿，还是不行，只好摇了摇保险绳返回了。

迄今为止，821米成为阿苏伊尔幽谷探险家们创造的最高纪录。但是，阿苏伊尔幽谷究竟有多深，神秘的谷底到底有些什么东西，探险家们为什么不敢一直走下去，这仍然是一个难解的谜题。

藏宝钻石谷

钻石是财富和地位的象征，自古以来就受到人们的疯狂追捧。那么，我们不禁要问，钻石究竟有什么样的魔力，能吸引历代的人们趋之若鹜，为它挥霍大量的时间和金钱呢？

钻石在我国古代被称为金刚石，因为其硬可攻玉，常常被当成玉石或瓷器的加工工具，所以后来渐渐就被称为

“钻石”了。上品钻石价值连城，一向是富豪和贵族们的追逐目标。

天然钻石之所以珍贵，是因为它在世间极为难得。至今发现年代最久远的钻石已经有45亿年，这说明它在地球形成之初便已开始在地球深处形成。钻石的形成需要极高温、极高压的苛刻环境，而且形成过程也十分漫长。

据统计，人类在过去几千年的历史中找到的全部钻石才不过130吨。而随着人类文明的进步，开采技术越来越高，到目前为止全世界的钻石年产量为每年7吨。即使这样的产量也是在挖出的7亿吨的钻石原矿石中筛选出来的，其珍稀程度由此可见一斑。

许多人开始设想：如果这世界上有一个藏满了钻石的山谷，钻石就像普通石头一样俯拾皆是，那该多好呀！

那么，世界上真的有钻石谷吗？还是它仅仅存在于人们的想象中以及历代的传说中？

公元1世纪时，罗马哲学家佩尼在其著作《自然界历史》中记载了这样一件事：在公元前350年马其顿征服印度的战役中，亚历山大大帝曾经在一个毒蛇遍布的深谷中发现了大量的钻石。钻石谷里的钻石到处都是，闪闪地发着诱人的光。

但是钻石谷中的毒蛇好像在受命守护着这些珍宝，这些毒蛇狠毒的目光有着非凡的魔力，凡人一旦接近，便会被它们眼中射出的目光“杀死”。因此，许多人还没有靠近梦寐以求的钻石，就已经倒地毙命了。

可是，聪明和坚毅的人总是能想出聪明的办法。传说，亚历山大大帝征战至此，下令让士兵用镜子将毒蛇的目光反射回去，于是这些毒蛇被自己的目光杀死了。之后，亚历山大大帝的军队顺利地通过钻石谷并满载而归。

无独有偶，阿拉伯《天方夜谭》中的辛巴达航海神话也提到了钻石谷。这个神话故事中，钻石谷被描述成一个弥漫着血腥和恐怖的地方。主人公辛巴达本来过着神仙般快乐的生活。有一天，他耐不住寂寞，出海经商，随着风浪来到了一座岛上。他在岛上漫步，竟然发现了一个神秘的山谷。这里遍地钻石，里面守候着巨硕的蟒蛇。山路狭窄崎岖，难以通过。突然，前面掉下一块块带着血的羊肉，他环顾四周，却不见人迹。惊讶中，他想起了以前听过的传说，采钻人把羊肉撕成碎块丢入谷底，羊肉上便沾满了钻石。饥饿的秃鹰飞入山谷，抓起肉块飞回山顶，被守在那里的采钻人吓走。采钻人拿到粘在肉块上的钻石后，再把肉留给秃鹰。

这个故事虽然血腥，但也有一定的道理，因为钻石确

深深的谷地里蕴藏着怎样的秘密？里面真的有丰富的钻石吗？

实有亲油特性，所以很容易被粘在肉块上。

那么，地球上果真有钻石谷吗？为什么钻石谷总与巨蟒联系在一起？

有人认为，钻石谷只不过是贪婪成性的人们为满足自私的幻想而杜撰出来的。也有人认为，由于火山爆发，藏在地球深处的大量钻石有可能被岩浆带到地球的表面。滚烫的岩浆在地表上冷却后，形成大量包裹钻石的金伯利岩或钾镁煌斑岩。这些岩石在长时间风吹雨打等风化作用下，大量的钻石逐渐从石层中脱离出来，经过雨水的搬运，最终聚集在河床上，从而形成钻石谷。而钻石能折射光线，因此吸引了许多趋光性的昆虫和其他小动物，给蛇提供了丰富的食物，钻石谷就逐渐成为了蛇的聚集地。事实果真如此吗？目前无人能解答。

吃人的利雅迪鬼谷

俄罗斯的普斯科夫是个历史悠久的地区，这里的古城、宗教圣地和谷地都充满了神秘色彩。其中最令人又爱又怕的，要数利雅迪“鬼谷”了。

这个谷地风景非常优美，人们置身其中，仿佛来到了一个童话世界。一条条潺潺的溪流，一道道优美的沟壑，古老的树木长成千奇百怪的形状，地上的草木郁郁葱葱……就算是大画家来到这里，都无法重现这种美景吧！

可是，就是这么美丽的一个地方，却时时充满着可怕的神秘事件——经常会有人在谷地中神秘失踪。难道是这个谷地会“吃人”？

早在俄国十月革命前，普斯科夫的省报便经常报道马匹和农民在此神秘失踪的消息。1928年，七名伐木工人在这里失踪了——连他们的斧头都不见踪影。1931年，利雅迪村的七户富农在此失踪。

由于这些事件发生在战争年代，很多人对此不以为然。他们认为，这些人说不定是被敌军掳走了，不知情的人们就以为这些人是被鬼谷“吃掉”了。

可是，到了和平年代，这种可怕的现象也没有结束。

1974年，一伙列宁格勒人来到利雅迪谷地采蘑菇，结果全部神秘失踪了。足足过了两个星期，其中的两人才被找到，但他俩谁都说不清楚其他五人的下落。

利雅迪谷地的神秘色彩越来越浓重。难道这里是一个“陆地上的百慕大三角”？慢慢地，利雅迪谷地因其恐怖色彩而远近闻名，被称为“利雅迪三角”。

当然，也有从鬼谷中侥幸逃脱的人。叶甫盖尼·耶维奇老人就是一个幸运者。一天，已67岁的老人在利雅迪村附近寻找美味的鸡油菌，可是走着走着，不知道为什么迷了路。

老人的伙伴还在路边一直等他。因为叶甫盖尼有着丰富的野外经验，是个善于辨认踪迹的人，所以伙伴们并不着急。但是，随着时间一分一秒地流逝，伙伴们开始有点慌了。眼看一整天都过去了，老人还不见踪迹。这可怎么办呢？伙伴们在附近寻找，突然一个可怕的猜测涌上心头：难道老人进入了利雅迪鬼谷？难道他无声无息地被鬼谷吞噬了？

第三天，大家报了警。警察们搜遍了整个林子，仍然不见老人的踪迹。警犬到了这里，也找不到什么踪迹，只是无奈地摇着尾巴。带队的警官从来没有遇到过这么棘手的状况，他怀疑老人可能早已溜回家了，只是跟这些人玩个恶作剧罢了。于是，警官把警察和警犬都撤走了。

可是老人的亲人和朋友没有放弃寻找，利雅迪村的医务人员和孩子们都自愿加入寻找老人的行列。终于，功夫不负有心人，一个老奶奶在谷地里闻到了一股腐烂蘑菇的味道。这种气味掺杂了很多蘑菇的味道，应该不是一两朵野生蘑菇发出来的。于是，老奶奶把人们召集过来，大家找了整整一天，终于在树林里发现了奄奄一息的老人，赶紧把他送到了医院。

老人恢复过来后，就给大家讲了这些日子的经历：他不知道怎么就迷了路，想走出谷地，可是无论怎么走，都是在“鬼谷”里转圈。在高大的松树和茂盛的蕨类植物中，他分不清白天和黑夜，只能一直寻找出去的路，饿了就采点蘑菇吃。大概到了第五天的时候，老人的眼前开始出现幻景。他感觉自己一会儿好像在一个被遗弃的少先队夏令营里散步，一会儿又好像听到运木材的车驶过的声音。大概十天过去了，老人终于没了力气，只好躺在软乎乎的苔藓上等死。

难道“鬼谷”果真有吞噬人心智的魔力吗？如果没有，老人迷路是怎么回事？废弃的夏令营又是什么？这些至今仍是未解之谜。

大地飘散神秘幽香

说到大地飘香，你最先想到的一定是丰收时整片农田飘散着瓜果的清香，或者是花田中花儿的甜香随着风儿悠悠地飘荡……可是，如果说有一个地方，大地上空的香味却是从土地本身飘出来，你相信吗？

在我国湖南省洞口县山门镇清水村附近，就有这么一块神秘的地方。

距清水村西北方约两千米远的山腰上有一块凹地。这里群山环抱、人迹罕至，风景非常优美。

就在这个美丽的凹地中，有一块散发着香味的土地，面积仅有50平方米左右。香地上面就是悬崖峭壁，下面是一条潺潺的小溪。

这里看上去平淡无奇，与周围的地区没有任何区别，花草树木等植物与周围地区的一样，土壤的颜色也与周围的相同，偏偏不同的是，它能散发出阵阵奇香。这是怎么回事呢？这个神秘的地方又是怎么被人发现的呢？

据说，附近一位农民经常到这座山上去采药。一天，这位农民恰巧经过这个地方，突然闻到了一股奇妙的香味。他以前从来没有闻过这种奇香，感到很好奇，于是就开始寻找香味的源头。

他先是查看了附近的花儿，可是那些花儿的香味都比较清淡，而且跟这种奇香也不是同一种香味。会不会是某种香草或者树木？他又仔仔细细地查看了其他的草木，还是没有找到香味的源头。

这时，太阳光强烈了起来，香味更浓了。农民百思不得其解地站在那里，突然意识到，香味是从脚下的大地中传来的！他立刻低头寻找，果真，这片土地正在散发着浓浓的香气。难道是土地中有什么不容易发现的植物？农民翻了翻，什么都没有，确实是土地本身在发出香味。

这简直太不可思议了！长了这么大，听说过花有香味、草有香味，就是没听说过土地还会飘香！

回到村子里，农民就把这个发现告诉了亲朋好友。大家一听，一片哗然，都说肯定不可能，应该是哪种植物发出的香味，只不过他没看见罢了。好奇的村民纷纷上山寻找香地香味的来源，令他们大吃一惊的是，农民说的一点儿都没错，香味确实是从土地本身发出的！

香地的消息立刻就传开了。先是在附近的村子里人尽皆知，慢慢地又被传到别的地方。香地的名气越来越大，好奇的旅行者纷纷来到这里。随着来体验香地的人越来越多，香地的规律也被人们发现了：这一奇特的香味范围很小，只有50平方米左右，只要跨出这个范围，香味立刻就闻不到了，而且这种香味还有使人神志清醒、消除疲劳的功效。

经过更多人更细致的调查，细心的人们还发现：这里的香味并不是一成不变的，随气温的变化，香味也在不断变化。早晨露水未干时，香味特别浓，这种香沁人心脾，闻上去让人非常陶醉；中午阳光似火时，香味则变得微弱，这种香又别有一番趣味；而黄昏、阴天或雨过天晴时，香味会一点点变浓，这时候不断变化的香味引人遐想……而且，随着季节的更替，香味也有所不同。春夏的香味更类似檀香；秋冬的香味跟桂花香更为接近。

这是什么原因造成的呢？是巧合，还是香味也会感应到外界的变化？

经过有关专家的分析和判断，这种香味很可能是由这里大地中存在的一种微量元素引起的。这一微量元素放射出来后，同空气接触，发生某种反应，就会形成一种带有香味的特殊气体。而香味的时淡时浓，可能与这种放射性元素的强弱和外界气温变化的影响有关。

但是，香地范围只有50平方米左右，又是为什么？这种放射性元素是一种什么样的元素？目前，这些问题还没有得到合理的解答。

南极的无雪墓地

南极是人类最少涉足的大洲，严酷的气候和稀少的生物为它蒙上了一层神秘的面纱。在这片人们了解最少的大陆上，有许多人们无法解释的现象，其中“无雪干谷”可以说是最神秘、最著名的了。

我们知道，总面积达1400万平方千米的南极大陆，大部分地区都被冰雪覆盖，从高空俯瞰，南极大陆是一个中部高四周低的高原，形状极似锅盖。

这个厚厚的冰层被形象地称为“冰盖”，平均厚度为2000米，最厚的地方可达4800米。可是，就在这样一片冰雪遍布的大陆上，竟然有一片没有冰雪的地方——南极干谷。干谷位于大陆部分的罗斯冰架以东和麦克默多湾上，由3个干谷组成。这三个干谷分别被命名为泰勒干谷、赖特干谷和维多利亚干谷。

在阳光照耀下，南极干谷的不冻湖显得更加神秘。

令人奇怪的是，虽然干谷周围都是被冰雪覆盖的山岭，但干谷中非常干燥，根本没有冰雪，也几乎没有降水，一年中，降雪量大约只相当于25毫米的年降雨量。

这还不是最让人吃惊的。每个干谷中都有盐湖，其中最大的是范达湖。这个湖有60多米深，湖面上覆盖着一层4米厚的冰层。而冰盖下面的湖水从0℃开始，越往下越温暖，到40米深度的地方，水温竟然能达到25℃！这不禁让人瞠目结舌，寒冷的南极怎么会有跟温带地区水温相似的湖呢！

对于范达湖的这种奇怪现象，一些科学家认为是太阳辐射的原因。南极的夏天太阳照射时间比较长，因此湖面接受的太阳辐射的能量就比较多；而冬天湖面结冰，湖水的盐分含量就会增加，表层水的密度会变大。这样，再到夏天的时候，表层水温升高，由于密度比较大，表层温水就会沉到湖底。这样年复一年，就导致了下层的湖水比较温暖。

可是，反对者很快提出了疑问：虽然南极夏天太阳照射的时间比较多，可是到达地面的太阳辐射却比较弱；而且范达湖的冰面又反射了90%的辐射，有效的辐射就更少了，不足以使表面的水温大幅度升高。

另一些人认为这种现象是地热活动造成的。

但是，有人也不同意这种观点。他们认为，现阶段的研究表明，在无雪干谷地区并没有发现什么地热活动，地热活动的观点根本就站不住脚。

更令人吃惊的是，在冰层下盐度非常高的水中，仍然有一些神秘的简单有机生命体生存着。目前，对这些神秘生命体的研究仍在进行中。

而且，科学家在南极地表下3~8厘米深的土层中，竟然发现了长期生活的真菌群体和普通的青霉菌！这个发现震惊了世界。

研究人员还说，寒冷干旱的“干谷”土壤形成时的环境条件，跟火星的环境非常相似。研究干谷的种种生命现象，可以推测火星上也有出现类似气候的可能，也就有存在这类微生物的可能。这个发现不由得让人惊讶不已，又兴奋万分。

神秘的气息蔓延在干谷的每一个地方。每个走到这个地方的人，都会感到一股诡异的气息，因此南极干谷又被称为“死亡之谷”。

干谷中不仅有气候干燥、湖水深处不结冰等奇特现象，而且还堆积着海豹等海兽的尸体。这场景给南极干谷更添了一种恐怖气息。

科学家们看到岩石旁的海兽尸体，常常百思不得其解。要知道，最近的海岸离这里也得有几十千米，而远一点的海岸则有上百千米远。海豹习惯生活在海岸旁边，一般情况下不会离开海岸跑这么远。可是，是什么让这些海豹违背了一般的生活习性，千里迢迢地来到这里呢？它们又为什么集体死在了这里？这怪异的景象到底是如何形成的呢？

一些科学家认为，这些海豹是因为在海岸上迷失了方向，误打误撞来到了这里。在这个没有冰雪的干燥地区，海豹缺少可以饮用的水，力气耗尽，没能爬出谷地，最后干渴至死，变成了一堆堆白骨。有一些海豹尸体甚至仍然保存完好，就像天然形成的木乃伊一样。

原来，动植物能长时间地保存在干谷的干冷空气中，正像肉能保存在冰箱里不变质一样。

据调查，在干谷里散布着的被天然冷藏的海豹尸体，它们可能死于数百年甚至数千年前。

有些科学家认为，海豹是迷了路才死在这里。可是，为什么海豹会集体迷路？而且迷路后走到了离岸边这么远的地方？

还有一些科学家认为，鲸类存在自杀的现象，所以海豹跑到无雪干谷地区，很可能也是一种自杀行为。但是，海豹的自杀行为又有什么原因呢？

又有科学家提出，这些海豹可能是受到了什么惊吓，在什么东西的驱赶下才到了这里。那么，在过去的年代里，到底是什么让海豹那么惧怕，甚至慌不择路？这真令人费解。

这个充满着神秘色彩的“无雪墓地”，仍有千千万万的谜题等待我们揭开。

外星人的实验菜园

有这么一个神秘的地方，蔬菜在这里长得非常硕大：土豆即使平放在地上，也足足有半人高；白萝卜立起来甚至比人都要高；一棵卷心菜重达30千克；豌豆和大豆竟然能长到2米高；甚至连牧草，都高得可以没过牛羊的头顶……

这不是科幻电影里的场景，而是地球上确实存在的一个地方——美国阿拉斯加州的巨菜谷。它位于阿拉斯加州安哥罗东北部的麦坦纳加山谷，由于蔬菜总是疯长，因此这里被称为“巨菜谷”。

那么，为什么这里的蔬菜会疯长？难道这是科幻小说中外星人在地球上开辟的实验菜园？

首先有人怀疑，这里的蔬菜品种比较特殊，能长得比普通蔬菜大也就不足为奇了。但是，经过科学家的研究，它们都是普通得不能再普通的蔬菜品种。甚至还有人将外地的普通蔬菜籽拿过去做实验，这些菜籽只要在巨菜谷经过几代的繁衍，都会长出特别高大的蔬菜。也有人把这里的植物移到别的地方，只需要两年左右的时间，这些巨硕的植物也会变得跟普通植物一样大小。

这种离奇的现象让人无法理解。种种实验证明，不是植物本身的问题，那就很有可能是光照、降水等外部原因的问题。

持这种观点的人认为，麦坦纳加山谷处在高纬度地带，夏季日照时间长，这可能是造成植物疯长的原因。然而，同样位于高纬度的其他地方并没有如此高大的同类植物，这又怎么解释呢？

气候和纬度不具有特殊性，那么很可能是土壤的关系了？或许是土壤特别肥沃，适合植物生长；或者是含有什么特殊物质，能够刺激植物生长。这个说法看上去比较合理，于是科学家们开始了实地化验，没想到结果却让人失望：没有任何数据显示这里的土壤跟其他地区有什么区别。

巨菜谷现象可谓迷雾重重。而且，这里的植物移植到外地，第一年照样可以长得巨大，第二年才会退化到正常植物的大小。

这真是一个难以解决的谜题。很多科学家开始研究以前有没有类似的记载。结果，查阅了文献后人们发现：从距今3.09亿年前的石炭纪到距今0.6亿年前的第三纪，这段时间是地球上植物最繁荣的时期。史前时期的植物比现在的低级，而且当时的生存环境比现在也要差，但在那个时候，植物生长速度却比现在快得多，而且体型也大很多。那么，巨菜谷植物疯长的原因会不会跟史前植物疯长的原因一样呢？根据专家分析，史前植物之所以会疯长，是因为重水含量极低、射线强度高、电场磁场强度高等因素造成的。

重水学名叫氧化氘，是一种外形跟普通水一样，但密度比普通水大的物质。普通水中的重水含量越低，对人体和植物的伤害越小。史前年代的水系中，重水含量非常低，这就对植物生长非常有利。

良好的放射性环境也对植物生长有利。在有放射性元素矿藏的地方，一些植物长得特别旺盛。看来某些射线对植物的成长确实有很大的刺激作用。电场、磁场也是刺激植物生长的重要因素。在雷电交加的日子，植物会生长得特别快。因为这个时候，空间电场强度比平时高得多。资料显示：古代时期，地球的电场、磁场强度要比现在强很多，雷电交加的日子也比现在多，所以古代电场、磁场对植物生长的促进作用比现代强得多。

巨菜谷恰好都具备了这几个条件。在这个地方，地下深处土壤岩石中储存了史前重水含量非常低的水，或者地下深处的土壤岩石有过滤重水的功能；地下埋藏了大量的放射性元素矿藏；特殊的地质构造、地形地貌和气象条件形成了强电场、强磁场；而且，加上土壤、温度、阳光等常规环境影响，巨菜谷的植物自然会不停地疯长了。

巨菜谷长出的蔬菜常常比普通蔬菜大几倍甚至几十倍。

地狱之门默然开启

“天苍苍，野茫茫，风吹草低见牛羊。”这幅优美的画面是多么引人遐想和向往！在牧人眼中，水草丰美的地方是他们放牧的天堂。一般来说，群山环绕的谷地，环境和气候都比较优美，适合牧草生长，是天然的草场，因而也成为了放牧的绝佳场地。

但是，昆仑山有这么一个草肥水美的谷地，却没有牧人愿意去那里放牧。这是为什么呢？生活在这里的牧羊人说，宁愿让牛羊没有草吃，饿死在戈壁滩上，也不敢进入昆仑山那个牧草繁茂的古老深谷。

这种恐惧并不是平白无故的。这个美丽的谷地中，美景与恐怖气氛交织在一起，在这里曾经发生过好多次牧人和动物离奇死亡的事件。一进入这个谷地，就能看见遍布的狼皮毛、熊骸骨、废弃钢枪、荒废的小丘……这些散发着浓浓恐怖气息的东西，跟青葱美丽的草地形成了巨大的反差，形成了一种浓浓的诡异气息。

这便是号称昆仑山“地狱之门”的死亡谷。在这里，新疆地矿局某地质队曾经亲身经历过一次可怕的事件。

1983年的一天，青海省阿拉尔牧场的一群马走到这里，看见了死亡谷里肥美的牧草，不由得进入了谷地。这一进，就好久没回来。牧民等了一天，终于等不及了，于是冒险进入谷地找马，没想到这个牧民也好几天都没有回来。

几天后，这个地质队发现从谷地方向跑来一群马。他们感到很诧异：这群马明显不是野马，但为什么只见马群不见主人呢？一个可怕的念头涌上了队员的心头：难道是马的主人在死亡谷中遇难了吗？地质队队员们一想到这里，就立刻开始了搜寻行动。终于，牧民的尸体在谷地边缘的一座小山上被发现了。他直挺挺地躺在那里，衣服都已经变成了碎片，双脚光着，眼睛睁得圆圆的，嘴巴还在大张着，一副死不瞑目的样子，那杆猎枪还紧紧地握在他的手中。令大家不解的是，牧民的身上没有发现一点儿伤痕，周围也没有任何被袭击的痕迹。他是怎么死的？难道死亡谷真有夺人性命的鬼魅力量？难道这个幽深的谷地真的是通往地狱的门户？一想到这里，人们就不禁毛骨悚然，纷纷离开了这个可怕的地方，可是，地狱之门并没有关上。这起惨祸发生后不久，在附近工作的地质队也遭到了某种神秘力量的袭击。

那是1983年7月，正值酷热难当的季节，死亡谷一带却突然下起了暴风雪。一声响雷，暴风雪突然降临。一声巨雷响过，炊事员当场晕倒过去。当他醒来时，回忆自己听到了一声雷响，紧接着就感到全身麻木，两眼发黑，接下来就什么都不知道了。第二天雪过天晴，队员们外出工作时，吃惊地发现，原来的黄土已变成黑土，好像烧过一般，动植物也都被“击毙”了。

地质队迅速组织起来考察谷地。终于，困惑大家很久的谜题被解开了。原来死亡谷有非常明显的磁异常，而且分布范围很广，越深入谷地，磁异常值越高。因此，每当有雷电时，云层中的电荷和谷地的磁场发生作用，导致电荷放电，使这里成为雷电密集区，而雷电往往容易袭击奔跑的动物或人。牧马人尸体和其他莫名死亡的动物尸体附近有片片焦土，就是这种说法的最好证明。

离奇怪洞从天而降

福建省元坑镇地处风景秀美的武夷山脚下。这里的农民世代过着平静的农耕生活，但是，2004年6月28日，一件奇怪的事打破了小镇的平静。

那天早上，当元坑镇的一个农民正准备下田干活的时候，他忽然看见自家的稻田里出现了四个大小不等、深不见底的怪洞。这些怪洞大的就像半个篮球场，而小的则如同一张小饭桌。这个农民感到很奇怪，他不明白，自家的稻田里怎么会出现这些怪洞呢？

第二天，这个村民发现，这些怪洞还会自己长大。仅一天时间，有些洞的直径至少长了半米。而且，这些洞比前一天更深了，洞中都积满了水。看着这些洞，这个村民感到非常不安。他担心这些怪洞正在一点一点地吞噬着自己的稻田，可能要不了多久，整个稻田，甚至整个村都会被这些怪洞给“吃”了。

这个村民越想越害怕，便把这件事情告诉了其他村民。没想到，几天之后，其他村民的稻田里也陆续出现了类似的怪洞。元坑镇的村民对此感到不知所措，有的甚至开始胡乱猜测起来。

有人说，村子里可能出了妖怪，这些怪洞没准是妖怪弄的。还有人说，这些怪洞属于“地开门”，是土地公故意弄塌的，所以要去祭拜土地公。为此，村里人还专门一起去拜了一次菩萨，请求菩萨保佑。但是，这些怪洞仍然在一点点地“长大”。村民们开始慌了，有人提出这也许是开山放炮造成的。

当时，在离怪洞约50米远的地方，有一条连接北京到福州的京福高速公路正在紧张地施工当中。由于修路需要开山放炮，这势必会引起当地地面的震动，村民也就很自然地把稻田的怪洞和修路联系起来。难道怪洞真的与修路有关吗？

闽北地质队的专家分析说，京福高速公路开山放炮是小面积的，不会对当地的地质条件产生太大的影响。而且，在修建高速公路之前，地质人员首先要做的就是对这一地区的地质情况进行全面的勘察。如果在那时就发现元坑镇地层不稳定、地下有异常状况的话，京福高速公路就不会在这附近修建了。

稻田坍塌如果不是开山放炮引起的，那会是什么原因引起的呢？有些人又把怪洞和元坑镇的气候联系在了一起。原来，自2003年秋天起，元坑镇连续几个月没有下雨，当地的旱情十分严重，山上的许多地面都裂开了。直到怪洞出现前不久，元坑镇突然下起了暴雨，于是就发生了两次山体滑坡。难道怪洞的出现也属于滑坡，和当地特殊的气候有关？

针对这个猜测，地质专家又做了详细的分析。他们发现，元坑镇的地下有许多石灰岩，这种石灰岩的结构分为三层，上面和下面都是质地坚硬的砂岩，而中间那一部分岩层比较松软，所以中间这层岩层特别容易风化。因此，在一些特殊条件下，这种岩层就容易出现脱落，于是，便会出现大面积的滑坡。但是，如果说元坑镇的怪洞属于地下滑坡的话，它的面积就太小了，因为地下滑坡的规模是很大的。因此，怪洞和滑坡没有什么关系。

一个又一个猜测被排除，从天而降的怪洞难道真的是超自然力量形成的吗？于是，鬼神之说又开始在村民中流传。正当村里人对此一筹莫展的时候，地质专家又有了新的发现。1986年曾经有一个水泥厂计划在元坑镇修建，专家们勘查后发现这里的地质有问题，并写过一个详细的调查报告。调查报告称，元坑镇的地下有许多溶洞。这下，专家得到了新的启示。他们分析称，元坑镇地下的石灰岩含有大量的碳酸钙，它很容易溶解在酸性物质当中。在大自然中，如果水里溶解了二氧化碳，就会形成酸性物质，

“怪洞”的出现与当地特殊的地质条件有关。

它会对岩层产生相当大的破坏作用，这就是所谓的岩溶作用。岩溶作用可以使石灰岩层的缝隙越来越宽，下雨天，大量的雨水汇集到地下，不断将岩石溶解，形成地下暗河。暗河不断把岩石的溶解物带走，地下的水流通道就会不断扩大。这样，日积月累，岩层中就形成了形态各异的溶洞。

专家经过研究得出了结论，由于长期的岩溶作用，元坑镇稻田附近石灰岩溶洞顶板岩石的缝隙越来越宽，稻田灌溉用水向溶洞渗透，水越积越多。在水的长期溶解下，溶洞顶板岩石变得越来越薄，最后坍塌，形成怪洞。

从天而降的怪洞之谜终于揭开，原来它是地质原因造成的，而非超自然力量造就的。

下不去的怪坡

辽宁省沈阳市北部新城子区清水台镇有一道奇怪的坡，在这里，上坡很容易，下坡却非常困难。如果汽车或者自行车停在这里，只要不拉闸，车就会缓缓地向坡顶滑动；而下坡时，汽车却要加油门，自行车要使劲蹬。

这道坡发现于1990年4月。最初的发现者是两名青年交通警察，他们驾驶一辆吉普车，顺着山路把车开到了坡下。当摘挡熄火停车后，他们突然感到车好像在自动向坡上滑行。两人大感惊愕，壮着胆子试了几次，仍然如此。他们百思不得其解，感到太诡异了，于是赶紧离开了这个地方。

慢慢地，“怪坡”的名声越来越大，很多好奇的游客纷纷来一探究竟。眼见为实，在“怪坡”上，质量越大的物体，越容易发生自行上坡的奇异现象。这到底是怎么回事呢？难道这个地方真能违反自然规律？许多科学工作者产生了浓厚的兴趣，他们提出了“重力异常”“视差错觉”“磁场效应”“四维交错”“黑暗物质”等说法，更有甚者还提出了“鬼怪作祟”“UFO的神秘力量”等令人毛骨悚然的假设……

要知道，自然界的力不外乎电磁力、万有引力、强力、弱力四种。强力和弱力只能在基本粒子的范围内发生作用，看来能影响物体运动的，只有电磁力和万有引力了。因此，很多科学家都认为是磁场的作用。他们认为，坡顶很可能有强磁场，所以汽车、自行车行驶到这里，一旦没了机械力的控制，就被坡顶的强磁场吸引着，出现“自行上坡”现象。

可是，新的疑问又出现了。按照这种说法，车子自行上坡是由于车上有钢铁部件，可是人在这里下坡也感到非常吃力，要知道人体70%都是由水组成的啊！而且无论是用水、玻璃球还是用塑料小球做实验，它们都纷纷向坡顶滚动。

磁场的假设被排除了，剩下的只有万有引力的作用了。可是，这显然也无法自圆其说。地球上就连海洋的潮起潮落都与月亮、太阳的引力有关，一段小小的怪坡，又怎么能违背万有引力呢？

但是，如果所有的外力都无法解释怪坡现象，那么我们的科学常识就要推翻一大半，我们的整个科学知识系统也就相当于作废了，一切都要重新书写。这可是科学上的大是大非问题！

于是，科技部派出了专门人员飞到沈阳，到怪坡去一鉴真伪。科研人员们驱车来到怪坡，体验了一把，确实如大家所说，下坡有吃力之感，而车子熄火后，就自动向上坡方向滑动了十几米。

大家思索了一会儿，就拿出一个塑料球和一个铁球，把两个球并排吊起，看到两根引线完全平行，这说明这个坡上并没有什么异常的磁力。那么，怪坡的坡度到底是什么样的呢？科学家们经过实地测量，发现这段“下坡路”其实是一段上坡路，只是给人们造成了视觉上的误差，看上去像一段下坡路似的。

那么，我们不禁要问，既然是一段货真价实的上坡路，看上去怎么会那么像下坡路呢？

原来，我们进行定位的时候，都会选择一个参照物。怪坡处在两端陡坡之间，周围的山都是倾斜的，没有可以作为基准的水平面，只有路边的石柱护栏可以作为一个参照物。

经过对石柱的测量，大家惊奇地发现，这些石柱并不是垂直的，而是一律向实际的下坡方向平行倾斜了大约5度。在坡度不大的情况下，人们不会怀疑柱子是歪的，而会自然地感觉柱子倾斜的方向是上坡了。

原来，怪坡并没什么可怕的，只是给人造成了视觉误差而已。

石棺涌出长流泉

在法国的阿里什尔特什村，有一座古老的教堂，这座教堂跟普通村庄的教堂并无什么区别，却声名远播。让它名声大噪的是一口奇异的石棺。这口精美的石棺每天都会涌出400千克左右的泉水，长年不息。这种奇异的现象吸引了很多好奇的游人纷纷前来观看。

这口石棺的历史，要从一千多年前说起。当时，在这个小村里有一对桑特兄弟，长大成人后离开了村子，结果两人都飞黄腾达，官至波斯公爵。两人在世期间，为家乡做了不少事情。

桑特兄弟死后，村民们想让他们落叶归根，于是为他们准备了一具石棺，石棺是用上等大理石雕成的，内部则别具匠心地做成了双人石棺的造型。石棺的外壁还雕刻有各种精美的装饰花纹，石棺的底部插有一跟细细的铜管，可作透气之用。

一切准备妥当，村民们把桑特兄弟的遗体迎接回来，举行了隆重的仪式，之后他们把石棺放在了当地教堂的高台上。

日子就这么一天一天过去了，突然有一天，一个村民在打扫完石棺准备离开的时候，惊讶地发现从小铜管里流出了几滴清澈的水！

他怀疑自己看错了，定睛一看，确实，又有几滴清澈的水从石棺里流出来。一个可怕的想法出现在他的脑海里：这难道是桑特兄弟的肉身化成的水？可是，这个想法一出现就被他自己推翻了，水这么清澈，看上去明明就像泉水嘛！村民研究了半天，百思不得其解，于是喊来了其他村民。

大家看着水一点点流了出来，越来越多，渐渐汇成了一小股清泉。人人都瞠目结舌：难道桑特兄弟的石棺成精了吗？！

刚开始，大家以为是石棺积水了，但是，从此以后，石棺每天都会流出晶莹的泉水，昼夜不停。

难道是石棺下面有一眼泉？也不可能，石棺下面是基座，泉水怎么能穿透基座和厚厚的石棺涌到石棺内部呢？

那么，难道石棺有蓄积水分的能力？可是，泉水每天都要流出这么多，要说石棺聚集水分的速度，肯定赶不上流水的速度呀！

没有任何一个说法能解释这一现象，村民们干脆也随它去了，就当是桑特兄弟赐给大家的幸运之水吧！

1942年，战争开始了，德国纳粹士兵闯入了阿里什尔特什村。他们看见神奇的石棺泉，先是非常吃惊，紧接着哄闹、嬉笑起来："真是一口怪泉！看看我们在这儿过上几天，这口怪泉还能不能流出泉水！"

接下来的日子，纳粹士兵不仅在石棺上倾倒脏水、污物，还在石棺上拉屎撒尿，把石棺搞得污秽不堪。不幸的是，没过多久，石棺泉果真枯竭了。

战争结束后，纳粹士兵离开了村庄。村民们重整家园，看到了这口让他们伤心的石棺。大家怀着沉重又尊敬的心情，把石棺周身彻底洗刷干净了。

令大家喜出望外的是，没过多久，恢复了洁净的石棺又开始流出清澈的泉水。

1961年，两个法国工程师看到相关资料后，断言泉水是由渗透入石棺的地下水、雨水和空气中的湿气组成的。于是，两人来到阿里什尔特什村，请人用砖木将石棺架空起来，四周裹上了塑料薄膜，而且为了防止他人做手脚，两人亲自昼夜守卫。然而，一个多月过去了，神秘的泉水却依然涌流不止。

1970年，英国《泰晤士报》以10万美元悬赏解开石棺之谜的人。这则悬赏吸引了19个国家近百名科学家前往小村解谜。然而，数十年过去了，奖金仍无得主，石棺之谜依然未解。

“布罗肯幽灵”魅影

在德国有个古老传说，每年的4月30日夜里，德国各地，乃至全欧洲的大小巫师、妖魔鬼怪，都会飞赴德国中部哈茨山的布罗肯峰，参加魔鬼的宴会。

有人发现，这个传说居然还有“物证”：在这一天，布罗肯峰上确实会出现一种神奇的光芒，光芒中间隐隐约约还有魔鬼之主撒旦的影子，这种光芒被人们称为“布罗肯幽灵”。

看来，“布罗肯幽灵”不仅仅是个传说那样简单。很久以前，有一支德国登山队在攀登布罗肯峰时，就发现了山中的奇异景象。

当时，一名最先登上布罗肯峰的队员站在云雾缭绕的山间，胸中充溢着满满的成就感和喜悦，却忽然看到了惊人的一幕：在前下方的云雾里，站立着一个身形伟岸的巨人，巨人的头部四周环绕着七彩光环。

他不禁对下面的队友大声喊道："你们快看！那是什么？！"

其他队员顺着他指的方向，也看到了同样的景象。大家惊愕极了，待在原地一句话都说不出来。

这时，一个胆大的队员对着巨人挥拳跺脚，大喊大叫，想把巨人赶走。但令人意外的是，那个巨人也对着他挥拳跺脚，一点也不怕他！

议论了片刻，大家决定继续登山，先跟山顶的队员会合再说。可是，他们移动的时候，发现巨人竟然也跟着他们移动！

佛光其实是一种光学现象，彩色光环中心的"佛影"就是观测者自己的影子。

“上帝呀！这是怎么回事？难道是我们惊动了山中的幽灵？”有些队员担心地说道，“上帝保佑！上帝保佑！”他们在胸前不断地画着十字。

为了保证人身安全，队长惶恐不安地召集齐所有队员，匆匆地离开了刚刚登上的峰顶。

类似的事件还发生过许多次，人们不能解释清楚这究竟是怎么回事，所以纷纷传言，这就是传说中的“布罗肯幽灵”。

然而，奇怪的是，不仅在布罗肯峰，在我国的峨眉山同样出现过神秘光影，只是在那里人们称之为“佛光”，认为这是佛祖显灵。

1982年6月的一天，一位姓张的老奶奶一路烧香磕头，艰难地登上了峨眉山金顶。她登上金顶以后，感觉好像到了天堂，心里有一种超脱的平静感。

“阿弥陀佛！阿弥陀佛！”老奶奶默念着，对着东方虔诚地朝拜。突然，当老奶奶望向前方的云雾时，她看到前方有一个七彩的光环，光环中似乎有个人影。难道是佛祖显灵了吗？

“佛光！佛光！”老奶奶喊了一声。顿时，人群沸腾了，其他人也闻声看到了佛光。人们跳跃着，欢呼着，虔诚地对着佛光许愿。

在东方，佛光是个古老的传说，但确实有很多人亲眼见到过。难道佛光真的是佛祖显灵吗？

我们不禁要问：“布罗肯幽灵”和峨眉山的佛光有没有相似之处？它们到底是怎么形成的呢？

为了解释这一现象，中外科学家做了多方面的观察和研究，最终得出了科学的解释。“布罗肯幽灵”和峨眉山的佛光与鬼怪、神佛无关，它其实是一种光学现象。“布罗肯幽灵”或佛光同虹、霞、晕、幻日以及林冠华（森林中林冠上出现的一种彩色光环）等一样，都是太阳光射入云雾后，经过云雾中的冰晶或水滴的反射、折射和衍射等复杂的光学作用后产生的。

其实“布罗肯幽灵”或峨眉山的佛光并不罕见，只要具备合适的相关条件，它就会出现。

“布罗肯幽灵”或佛光呈现时所需的客观条件比较简单，只要有光源和云雾，观测者站在光源和云雾中间，三者位于一条直线上，观测者就有可能看到彩色的光环在云雾中显现。

这个光环中，红光圈在外，紫光圈在里，具体排列从外到内依次是红、橙、黄、绿、青、蓝、紫七种颜色。而彩色光环中间的“幽灵”或“佛影”，其实不是别人，恰恰是观测者自己的影子。

用光学的知识解释，就是光源发出的光（通常为太阳光）从观测者身后射来，在穿过前后两个薄层的云雾滴时，前一个云雾滴层对入射阳光产生分光作用，后一个云雾滴层则对被分离出的彩色光产生反射作用。反射光向太阳一侧散开或汇聚，任意一个迎着那些会聚而来的光的观察者（即站在太阳和云雾之间的人），都可见到略有差异的环形彩色光像，这就是“布罗肯幽灵”或佛光的真相。

MYSTERIOUS

2 CHAPTER 神秘水域的怪异现象

水是人类生命的源泉，江河湖海总是以其非同寻常的美丽吸引着人们的视线。但是，潋滟的波光下面，究竟隐藏着什么东西？每一片水域都像表面看上去那么平静吗？水域的范围比大陆大这么多，其中会不会有人类尚未了解的神秘生物？这些问题吸引着无数人坚持不懈地去探索。在这一章，描述了很多稀奇现象：有的湖泊波光诡谲，不时有水怪浮现；有的海面仿佛被幽灵控制，船只不断失事；有的江河怪象纷呈，河水五味杂陈……赶快去一探究竟吧！

神秘的生命之水

从太空中俯瞰，我们生活的地球是个蔚蓝色的星球。确实，地球表面71％的面积都是被海水覆盖的，地球上水的总量约为13.6亿立方千米，其中有97.3％存在于海洋中。可以说，水是滋养地球万物的生命之水。

但是，我们不禁要问，这神秘的生命之水是怎么形成的呢？地球上的水是从哪里来的呢？

很久以来，科学家都认为，水的来源有两个：太空和地球内部。

一种说法认为，落在地球上的陨石带来了一部分水，来自太阳的质子也可以形成水分子。

但是，有的科学家提出了反对意见。因为他们发现，地球表面的水会向太空流失。大气中的水蒸气分子在太阳紫外线的作用下，会分解成氢原子和氧原子。一旦氢原子到达80~100千米高的高热层，运动速度会超过宇宙速度，会飞速地脱离大气层而进入太空。根据推算，以这种方式飞离地球表面的水量与从太空中进入地球表面的水量大致相等。这么看来，靠外部力量来蓄积水源恐怕是不可行的。

还有科学家认为，地球上的大部分水都来自地球内部。大约46亿年前，云状宇宙微粒和气态物质聚集在一起，形成了最初的地球。原始的地球上既没有大气也没有海洋，更别提生命了。在地球形成后的最初几亿年中，由于地壳比较薄，而且不断有小天体撞击地球表面，地幔里的岩浆随时都会上涌喷出。因此，那时的地球简直是一片火海。

当然，随着岩浆的喷出，大量的水蒸气和二氧化碳也抵达地表，这些气体上升到空中，把地球笼罩了起来。

水蒸气形成了云层，产生降雨。日积月累，原始地壳的低洼处开始不断积水，并渐渐形成了原始的海洋。原始海洋的海水并不多，大概只有现在海水量的十分之一。而且，原始海洋的海水只是略带咸味，后来随着水分的不断积累和蒸发，盐分才逐渐增多。经过水量和盐分的逐渐积累，以及地质上的沧桑巨变，原始的海洋才逐渐发展成现在的海洋。

可是，随着人们对火山现象研究的深入，这一传统说法也被推翻了。因为火山活动中的水，是属于地球水循环的一部分，并不是从地球内部释放出来的“新生水”。因此，这一理论又被推翻了。

最近，美国科学家提出了一个令人瞩目的新说法：地球上的水来自太空中由冰组成的彗星。日积月累，这些水就慢慢聚集成湖泊和海洋。

美国科学家分析了人造卫星发回的数千张地球大气紫外线辐射图像，发现在圆盘形状的地球图像上总有一些黑色的小斑点。而且，每个小黑斑大约平均存在2~3分钟，面积约为2000平方千米。

这是什么呢？经过分析，原来，一些由冰块组成的小彗星冲入地球大气层，因与大气层摩擦生热，生成水蒸气，于是形成了这些小黑斑。

科学家们经过调查和计算，得出一个结论：每分钟大约有20颗小彗星进入地球，它们的平均直径大约为10米。这些小彗星平均每颗可以释放约100吨水。地球形成至今大约已经有了46亿年的历史，正是由于这些小彗星不断供给水分，地球才形成了今天这样庞大的水量。

当然，这种理论也有不足的地方。它缺乏海洋在地球形成发育的机理过程，也没有充分的证据。看来，生命之水到底从何而来，在一段时间内，仍然是个难解的谜题。

横扫大地的魔爪

2007年，一个跟平常无异的夜晚，湖北东湖的磨山脚下，湖面上突然升起了一团白雾，开始迅速向磨山顶上移动。白雾所到之处，狂风大作，草倒树折，就连水桶粗的树木都被拦腰折断……

没多久，草木葱郁的磨山上，竟然开辟出了一条七八米宽，近千米长的“通道”，“通道”两边，七百多棵折断的大树横七竖八地躺着……

关于磨山的倒树形成“通道”事件，可谓众说纷纭。

有人说磨山的地理位置与百慕大三角正好相对，自古以来就多发生怪事，这与某种神秘力量有关。

有的人说，升起的白雾其实是外星人的飞碟，他们出于某种目的，斩断了很多大树，然后打出“通道”作为起飞的航道飞走了。

而磨山周边的渔民，很久以来都有“水龙”发威的传说。他们认为“水龙”是沉睡在东湖水底的一种水怪，一旦有什么惹到了它，它就会上岸发威，给周边造成巨大的破坏。

2009年5月的一天，类似事件发生在广东省中山市市郊：一股强风突然袭击了三个村子，摧毁了不少房屋和田地。这让当地的村民人心惶惶。

媒体报道说，造成这场灾害的是龙卷风。但是人们不敢相信，以前如果有龙卷风来袭，提前都会有预警，为什么这次偏偏没有呢？而且怪风出现的时间之短、破坏力之大，就连近百岁的老人都没见过。是什么力量能掀起如此大的风？东湖湖面上的白雾跟中山市市郊突如其来的怪风是同一种东西吗？如果是，这又是什么？

由于没有确切的证据，磨山“倒树”事件的种种流言很快不攻自破，但大家仍然对这个事件心存疑惑，同样的疑惑也存在于中山市市郊的村民心中。

很快，气象专家详细地查看了灾害发生当晚的雷达监控录像，又到受灾现场进行了详细的调查。他们又咨询了各界专家，经过分析和比较后得出结论：造成灾害的并不是什么神秘

下击暴流的现象与龙卷风相似，但破坏力更强。

力量，既不是水怪，也不是龙卷风，而是一种叫做“下击暴流”的气象现象。

原来，在天气比较炎热的时候，当强对流性天气发展到很旺盛的阶段时，就有可能出现下击暴流。下击暴流简直是横扫大地的魔爪，它的风力可达12~15级。下击暴流的发生率虽然不大，但它风时短、范围小、破坏强，造成的危害甚至比龙卷风还严重。

那么，这种恐怖的下击暴流是怎么形成的呢？原来，强对流天气下，气流会形成中空气流向下、地面气流为辐射或直线形的状态，形成下击暴流。它是一种辐射状的气流，从雷暴云中冲向地面，并迅速向四周扩散，就好像悬于空中向下喷洒的水龙头。

一般来说，下击暴流的地面水平风速大于 17.9 米/秒。根据外流的灾害性范围大小，下击暴流又可以分为（大）下击暴流和微下击暴流。灾害性风的范围小于4千米的称为微下击暴流，尽管它的范围小，但危害更大。而且雷达预测下击暴流的实效很短，所以它的预防有一定的难度。

大洋深处的黑潮

晴天丽日下，太平洋波光潋滟，幽深开阔。但在这个美丽的大洋中，竟然存在着一股神秘黑潮。它跟一般的海水不同，颜色很深，看上去是黑色的。这不禁引人遐想：这股黑潮到底是什么？看上去充满不祥色彩的它，会给人们带来灾难吗？

研究发现，黑潮本身并不黑，只是因为它能很好地吸收光线，很少将光线反射回去，看上去颜色很深，因此便被人们称为“黑潮”。

黑潮是地球上规模仅次于墨西哥湾暖流的海洋中第二大暖流，它的含盐量极高、极为纯净，对我国和日本等地区的气候有着重要的影响。

但是，黑潮引起人们广泛关注的原因不仅如此，它的奇特之处还有很多，这些问题至今仍是难解的谜。

夏季，黑潮表层水的温度可达30℃，到了冬季，水温也不会低于20℃。这么温暖的洋流，在世界上也是数一数二的。

不仅温度高，黑潮的面积和流速也非常大。

在我国台湾东侧，黑潮的流宽可达280千米，厚度高达500米，流速达到1.852~2.778千米/时。进入东海后，虽然流宽减少至150千米，速度却加快到4.63千米/时，厚度也增加至600米。

黑潮流速最快的地方是日本潮岬外海，平均的流速可达到7.408千米/时，甚至比得上人步行的速度！其中，最大流速可达11.112~12.964千米/时，这种速度比普通机帆船还快！

更神秘的现象在于：黑潮虽然存在于广阔的海洋中，但它也像陆地上的河流一样，有一个基本固定的路径，整个行程总共有 6000 多千米。

可是，更奇怪的是，虽然黑潮每次流经的地区大致相同，但它不像有河床的河流一样精确，它的途径、流幅、伸展深度、流速、流量等随时都在变化着。有时这种变化非常大，在有黑潮记录的1934—1980年的47年间，它竟有25年发生途径弯曲，其周期为几年到十几年不等。

这到底有什么规律可循？是人们没有发现其中的规律，还是黑潮本身就是“随性而行”？

黑潮的变化之谜引起了世界各国海洋学家的关注和兴趣，他们纷纷开始对黑潮大弯曲现象进行研究。另外，在千变万化的黑潮迷宫中，还有不少难以解释的现象等待人们去探索。

第一个广受关注的问题是黑潮的蛇形弯曲线之谜。1981年黑潮发生了大弯曲，而在接下来的1982年地球的气候便出现了异常。难道黑潮弯曲与著名的厄尔尼诺现象有关？黑潮在流动中有时弯曲度很大，有时弯曲度很小，有时甚至近乎没有。至于为什么会产生这些变化，人们目前还无法找到答案。

二是黑潮影响气象之谜。黑潮流经广阔的洋面时很容易引起气流的不稳定而产生热带风暴，但这只是纯粹的巧合，还是它们之间有某种必然的联系呢？目前还没有定论。

三是黑潮支流之谜。黑潮除了干流外，还有一些支流，那么它共有多少条支流？它们又是如何分布的？对于科学家们来说，这一切还有待于进一步考察。

虽然黑潮留给人们许多谜题，但我们相信，只要人类锲而不舍地研究，迟早有一天能找到答案。

澎湖列岛魔鬼水域

在中国台湾的澎湖列岛一带，有一片诡谲的水域和空域，这里常常发生飞机坠落事故，其中很多事故至今原因不明。

因此，这片海域就有了“飞官（编者注：台湾方言，‘飞行员’之意）口耳相传，小心澎湖西南”的说法。确实，这种说法并不是空口无凭。

1943年，台南航空队的一架战机在澎湖列岛海域上空飞行着，竟然在众目睽睽的情况下消失了！

有四艘渔船上的人同时目睹了这一事件，他们说，当时看见这架战机突然飞进一团云中，却再也没有看到它飞出来。

这起事件在相关部门也有记载，而且报告上写的事故原因是：“不明因素于空中失踪！”

1962年，一架电子侦测机在一个月圆之夜从新竹起飞，一出海就以超低空方式飞行。而且，由于实施全程通讯管制，这架飞机只接收信号，不发出信号。

当这架飞机通过一艘海军军舰时，只能以亮灯的方式回应这艘海军军舰。发出回应后，这架飞机随即转向220度航向另一个检查点——位于澎湖列岛西南的检查点方向继续飞行。

可是，澎湖海域西南的检查点迟迟没有看到亮灯的信号——这架飞机从此失踪了，机上13人全部被列入失踪名单。直到6个月后，他们才按规定以殉职处理。

1967年，一架侦察机又在此失事。根据监听录音，飞行员在说："有云堆，油不够，我要穿降。"几秒钟后，只听飞行员大叫了一声，雷达光点也随之消失了。

这架飞机失事的地方虽是一片浅海，但直到现在，也没有人在这片浅海中发现这架飞机的残骸。

1987年，一架战机进行试飞，由于当天气候状况不佳，飞行员在获得允许后，改变了飞行空域，改为飞往澎湖列岛南方的靶场上空进行试飞。

当天驾驶这架战机的是一位飞行员新手，起初一切情况都正常，但当他准备进行超音速飞行测试时，地面却听到他传来的信号："有云在追我！"

正当大家准备告诉他"这只是错觉"时，就听到他大喊道："失控……逃不出来……我要跳伞……"

经过近一个小时的搜救，直升机终于在小小的救生筏里发现了这名飞行员，他已经呈失温状态。后来，这位飞行员因为"特殊原因"被核准提前退役。

是什么原因让飞机在澎湖列岛上空频频失事？经常在

神秘的澎湖海域底下是否会有沉船和坠机的残骸?

事故中出现的“云团”又是什么？难道真的存在“魔鬼海”一说？

有人说，就台湾的地理环境而言，局部气候复杂多变，万里晴空的天气情况在海峡区域很少出现，所以飞机在这片海域失事率偏高也就不足为奇了。

但是，这种说法显然不够有说服力。天气不好的地方多的是，为什么偏偏这片海域被称为“魔鬼海”？

也有相关专家解释说，澎湖列岛西南方有一个空军的炸射靶区，在这个区域内，战机一般都会进行“大动作”。战机在训练高难度的战术动作时，当然会比平时冒更大的危险，所以出事概率也较大。这么说来，澎湖列岛上空的事故跟“魔鬼海”并无关系，只是一种正常现象。

这种说法显然也无法解答人们的疑惑。为什么失事飞机都没法传回信号，而且失踪原因不明？

又有人说，从地理上来看，地球上一共有八个地方跟“百慕大三角”类似，这种神秘海空域在南北半球各有四个，澎湖列岛海域南部就是一个。至于为何这里会发生种种怪异现象，只有待后人去寻找答案了。

龙潮湖如何变身“蛇湖”

在重庆与湖南交界处的一个山坳里，有一个叫龙潮湖的小湖。这个湖虽然不大，但名声可不小。它的稀奇之处就在于，这个小湖跟大海一样，每天都会有规律地涨落，一天可以涨落三次。而且，在一次剧烈的涨落中，湖水中竟然冒出了上万条蛇，成为了一个名副其实的“蛇湖”！

这个小湖的奇特现象到底是怎么回事儿呢？

龙潮湖位于秀山县城西南。严格来说，它其实并不算湖，只是一个水面仅仅一千多平方米的水塘罢了。

一般来说，许多湖由于跟河流或者海洋相连，定时涨落也就不足为奇了。但怪就怪在，这个湖周围没有任何沟渠和河流。要知道，这是武陵山区，跟海洋相隔非常远，湖水涨落的动力是从何而来的？

“龙潮湖没有外来的水源，大部分湖水是从湖底冒出来的。”当地的村民说。难道湖水涨落是与这个有关？

据观察，在正常的情况下，每天早上8点、中午12点及下午四五点，湖水都会有规律地涨落。

每次涨落大概持续一个半小时。涨潮时，湖水会翻腾半小时左右，水位能涨起近1米。过不了多久，水位就开始持续退落，经过一小时左右复原。

旅游局的工作人员曾经到这里考察过几次，发现水是从湖底的3个“龙眼”中冒出来的。而且，湖面上满满地长着浮萍，只有三个“龙眼”处空空的，附近没有任何漂浮物。

当地人称，三个龙眼都很深，用八根连起来的箩索都探不到底。也曾经有潜水员听闻此湖的怪异现象，特意来潜水一探虚实。结果，他一直潜到30米深处都不见底，就没敢再往下潜。

而且，在龙潮湖一侧的山上，往山上走20多米，有一个巨大的“天坑”，“天坑”被郁郁葱葱的树木遮盖着，深不可测。据当地人说，这是龙潮湖的“气孔”。而“天坑”是什么时候出现的、怎么出现的，至今都没人给出一个确切的说法。

当地的老人说，最奇怪的事情发生在1982年。

龙潮湖的水主要用来给当地村民浇灌田地。1982年6月，曾有两个月没有下雨，庄稼地一片龟裂，龙潮湖也变成了一个只有簸箕大小的小水洼。

但到了当年农历六月二十三，龙潮湖突然发出了一声闷响，水柱猛地从“龙眼”中腾了起来。浑浊的水一直冒了三天三夜，伴随着浑水涌出来的，竟然还有密密麻麻的上万条蛇！

听说了这个怪异的现象，周围村庄的好多人都赶来看热闹，湖周围的坡地上站满了几千个围观者。有人随便用撮箕往浑水里一撮，竟然就能撮到大小不同的20多条蛇！

随着龙潮湖景区的开发，这些奇怪的现象也引起了更加广泛的注意。有的地质学家考察后推断，这应该是非常罕见的“虹吸现象”。

原来，龙潮湖所处的位置恰好是石灰岩地层，人们所说的三个“龙眼”正是跟地下的天然虹吸管连接的通道。当地下水装满时，“龙眼”就开始向外涌水，形成“涨潮”。根据这一规律，大约四小时涌一次水，全天涌水六次，但是晚上涨潮并没人注意，当地人就以为是每天涌水三次。至于“涌蛇”现象，很可能是由于干旱或者其他原因，发生虹吸现象时，把蛇跟地下水一起涌出了地面。至此，“蛇湖”之谜被彻底解开了。

不断“生长”的珠穆朗玛峰

翻开世界地图，在中国的西南部，有一片看上去凹凸不平的区域，这就是被称为地球“第三极”的青藏高原和珠穆朗玛峰。

这块神奇的地区东西横跨2700千米，南北纵贯1400千米，总面积有250万平方千米左右，四周还环绕着一系列高大的山系。

因此，青藏高原的平均海拔达4000~5000米，是世界上最高最大的高原，真可谓“地球之巅”。

在青藏高原的群峰中，最让人瞩目的应该是珠穆朗玛峰了。它是世界的最高点，高度达8844.43米。

更让人惊讶的是，这个“最高点”并不满足于世界第一的宝座，在过去的岁月中，它仍在不断地长高。

根据相关资料显示，喜马拉雅山和青藏高原目前仍在上升，平均速度为每年0.5~1厘米。当然，珠穆朗玛峰也随之上升，平均速度可达每年1.27厘米。

这种神奇的现象是如何发生的呢？

要解答这个问题，就需要先来看看青藏高原的形成过程。

我们常常用“沧海桑田”来形容大自然的巨大变化。事实上，在地球演变的漫长过程中，海洋升成陆地、陆地沉为大海的事件是经常发生的。

同样，青藏高原也经历过如此剧烈的变动。现在群峰矗立、白雪皑皑的青藏高原，在距今1亿8000万年前，还处于一片汪洋大海中。那片大海就是分隔印度次大陆和欧亚大陆的古地中海。

随着地壳运动，青藏高原日益升起，海水不断退下去。直到距今4500万年前，古地中海从青藏高原南部消失了，它渐渐向西退缩，现在已变成非洲和欧亚大陆之间的内海了。

这种现象是怎么形成的呢？要知道，喜马拉雅山地区是世界上最高，也是最晚脱离海洋的地区。

那么，这种让“大海”变“高峰”的力量来自哪里？为什么这么多年后，这种力量还在促使喜马拉雅山长高？

根据板块构造学说，全球的海洋和陆地是由六大板块组成的。地壳下是软流层，板块在软流层对流作用的驱动下不停地运动。板块合在一起就成为陆地，板块分裂开来就形成海洋。

7000万年前，印度洋中脊的软流层推动着印度次大陆板块，让它从赤道附近开始向北移动，在雅鲁藏布江一带，跟欧亚大陆板块碰撞，形成了比较高的地势。

距今4500万年前，印度板块又沿着喜马拉雅山的南麓，俯冲到西藏的地块下面，强大的冲力让地壳缩短、厚度增加，地面不断隆起，形成了山地和高原。

雄壮的珠穆朗玛峰现在仍在“长高”。

青藏高原的北面是坚硬的塔里木地

块，这个地块阻挡了青藏高原地块向北移动，而且下插到昆仑山的下面。在两侧的共同作用下，青藏高原地区的地壳不断缩短、加厚，地面海拔逐渐升高。

中国的科学家经过数十年的考察和研究后得出结论，青藏高原地区成为高原的历史只有300万年左右。距今240万年前，高原的平均海拔只上升到2000米；距今110万~70万年前，平均海拔上升到3500米的高度；距今15万年前后，青藏高原才接近到现在的高度，成为地球上的“第三极”。

同样，珠穆朗玛峰随着青藏高原的形成和增高也在不断增高。

近年来，大地测量的结果显示，印度次大陆仍以每年5厘米左右的速度插向喜马拉雅山之下。

看来，珠穆朗玛峰的长高现象也就不奇怪了。而且，它将随着喜马拉雅山脉和青藏高原的升起，继续一点点“长高”。

贝加尔湖水怪现身

贝加尔湖是世界上最深和蓄水量最大的淡水湖，它位于俄罗斯境内。很长时间以来，世界之最的称号、事故多发的特征、“水怪”现身等事件，都为贝加尔湖蒙上了一层神秘的面纱。

贝加尔湖形状狭长弯曲，宛如一弯新月，因此又有“月亮湖”的美称。它的总蓄水量高达23600立方千米。

贝加尔湖容积如此之大的秘密在于它的深度。它的平均深度为744米，最深点可达1620米，两侧都为峭壁。

可是，风景如画的贝加尔湖却像个脾气暴躁的老人，经常掀翻船只。自从有记载以来，贝加尔湖的历史简直就是一部沉船史。

1702年，一艘前往乌索利耶送钱款的汽船“沙皇皇储”号行驶在湖上，突然遭遇了大风暴。来不及求救，这艘船就沉入了湖底。

1900年，商人济良诺夫的露舱平底货船正在运送货物，风暴毫无预兆地袭来，结果连船带货在风暴中沉没。

1903年8月9日，龙卷风席卷了贝加尔湖，一天之内，“湖神”就吞没了40艘驳船。

除了可怕的风浪，贝加尔湖面的冰也是隐形杀手。冬天，贝加尔湖面的冰很厚，最厚的地方甚至可达1米。但是，它们并不是一个整体，冰块跟冰块之间还有很多缝隙，这些缝隙大小不一，随着温度变化而变化。有的缝隙甚至整个冬季都不结冰。因此，经常有雪橇突然从裂口处落入深深的湖水中。

更可怕的是，贝加尔湖湖底经常涌出热泉，这种热泉在冬天也不消失。泉水升到水面上，会把底下的冰融化掉，冰层就变薄了。冬天，湖面的冰上覆盖着雪，行人根本辨别不出冰的厚薄，一不小心就会踏破冰层掉入湖中。

当然，传闻中贝加尔湖还有“怪兽”若隐若现，甚至还有人拍下了贝加尔湖“水怪”的照片。这种怪物看上去黑黑的，身长大概有一米多，从湖面上看，时隐时现，有时会浮出水面，不太可能是某种鱼类。

这到底是什么？难道古老的贝加尔湖中存在着某种不为人知的生物？如果真的是一种新生物，那么它会是鱼类吗？如果是，这种鱼为什么能长这么大？如果不是，那又是什么动物？

也有人认为这种说法只是无端的猜测。因为在一定区域内，动物体型越大，对环境的要求越高。而且要想延续种族，必须有族群的存在，仅凭一两只个体，是无法一代代繁衍下去的。而声称目睹“水怪”的人，看到的一般都是单只的动物。由此推断，湖中的“水怪”可能只是以讹传讹罢了。

但是，这种说法也遭到了很大的质疑。很多人都亲眼见过“水怪”，甚至还有图片作证，图片上的东西究竟是什么？

经过不懈的研究，科学界形成了一种比较普遍的看法：贝加尔湖中生活着一种环斑海豹，这种动物就是人们所看见的“水怪”。

由于“水怪”的传说，贝加尔湖被蒙上了一层神秘的面纱。

原来“水怪”并不怪，只是一种比较特殊的海豹。

可是，新的疑问又产生了：海豹不是海洋生物吗？怎么能在淡水中生存？而且，它们是怎么来到位于内陆的贝加尔湖的呢？

据科学家推断，贝加尔湖海豹应该来自北冰洋，在血缘关系上，它们与那里的海豹最为接近。但是，资料显示，贝加尔湖所在的西伯利亚高原南部，5亿多年以来从未被海水淹没过。贝加尔湖海豹的祖先是如何从遥远的北冰洋横跨陆地，来到这样一个完全不同的环境，并顺利地繁衍至今的，目前仍没有一个权威的解答。

善“变脸”的喀纳斯湖

“变脸”是我国川剧中一种著名的特技表演，这种特技可以在瞬间多次变换脸部妆容，让人啧啧称奇。而我国新疆阿勒泰地区，有这么一个湖，它也会这种“变脸”的绝招。

这就是喀纳斯湖，它位于阿尔泰山山脉中，面积达45.73平方千米，平均水深120米，最深处可达188.5米。它的外形呈月牙状，据考察，喀纳斯湖是古冰川强烈运动，阻塞山谷后积水形成的。

喀纳斯湖风景优美，湖水清澈，四周林木茂盛。这里四季分明，美景各不相同，简直如同仙境一般。

可是，这些都不是最令人称奇的，喀纳斯湖有一个奇特的现象——变色。一年中可以变换好几种颜色，也因此被称为“变色湖”。

春夏时节，湖水会随着天气的变化而变换颜色。从每年的四五月，冰雪开始融化，一直到11月冰雪封湖，这段时间里湖水变色现象最为明显，也最为多变，可以变幻出近十种颜色。

5月份，湖中冰雪消融，呈现微微的青灰色。放目望去，有一种万物即将复苏的清新感。

到了6月，周围山上的植物开始泛出绿色，渐渐葱郁起来，湖水也随之呈现浅绿或碧蓝色。

7月以后为洪水期，位于上游的白湖湖水开始流入喀纳斯湖，喀纳斯湖的颜色也由碧绿色变成为微带蓝绿的乳白色。

到了8月份，降雨渐渐增多，喀纳斯湖水位也开始上升，湖水受此影响，开始呈现墨绿色。

直到进入9月、10月，湖水的补给明显减少了，而喀纳斯湖周围的植物开始出现斑斓的色彩，湖水也随之变成了一池翡翠色，看上去光彩夺目。

每年12月，湖水封冻后，喀纳斯湖又像一面白色的水晶镜，当地牧民可以用爬犁在湖面上运送物品，或在上面滑雪滑冰。

那么，为什么喀纳斯湖会发生如此明显的“变色”现象呢？

原来，变色湖变色的最主要原因就是上游河水所含矿物成分的多少。不同矿物成分的含量随着季节的不同而发生变化。

喀纳斯湖的湖水来源于友谊峰南坡的喀纳斯冰川。冰川作用在周围由浅色花岗岩组成的山地，挤压花岗岩岩块，把它们研磨成白色的细粉末，并一层层混合在冰层里。炎热的夏天，冰川融化，融化的水挟带着白色的花岗岩细粉末，大量乳白色的冰川融水和雨水进入喀纳斯河，再流进白湖，白湖的水再流向下游汇入喀纳斯湖。这就是7月、8月喀纳斯湖湖水变为白色的原因。不仅如此，喀纳斯湖周围群山环绕，山上的植物随着季节变化呈现出不同的色彩，这些五彩缤纷的草木倒映在湖中，看上去就好像湖水的颜色随着季节发生了很大的变化。

另外，在不同的天气和从不同的角度来看喀纳斯湖，其特殊的水质跟天色和山色相互折射，也能产生不同的色彩。

而且，由于喀纳斯湖被群山环抱，在高原蓝天白云的宽广背景下，湖水受到阳光和云团的映射，又把周围的山色倒映在湖中。

所以，每当天空云朵发生变化，阳光下山色出现明暗交替，喀纳斯湖就会随之变化万千，斑斓流彩。

马拉维湖的天然“闹钟”

我们都知道，在闹钟上定好时间，它就会每天按时响起。神奇的是，大自然中竟然也有这样的“闹钟”。非洲的马拉维湖就是其中之一，只不过它的“响铃”方式不是铃声，而是定点涨落的湖水。

马拉维湖位于世界闻名的东非大裂谷中。东非大裂谷自北向南穿越非洲东南部的马拉维共和国全境。一个浩浩荡荡的大湖泊占据了谷底大部分地区，这就是马拉维湖。

马拉维湖面积3万多平方千米，南北长560千米，东西宽24～80千米。马拉维湖不仅面积大，水深也很深。它的平均水深可达273米，北端最深处竟然有706米深，是非洲第三大淡水湖。

马拉维湖位于东非大裂谷，其涨落现象可能与特殊的地质有关。

在马拉维湖周围，东北西三面层峦叠嶂，风景秀丽。湖水的来源是四周14条常年有水的河流，其中鲁胡胡河水量最大。

马拉维湖地势险峻，风光旖旎，集多种佳景于一身。沿岸，有的地方高崖环绕，惊涛拍岸，壮美的风景堪比大海；有的地方又草原茂盛，流水潺潺。很久以来，这里都是绝美的旅游佳境。

可是，最令人瞩目的是马拉维湖本身的奇特现象：湖水定时涨落。这种奇景吸引了大批的游人。

一般情况下，上午9点左右，马拉维湖泱泱的湖水就开始“退潮”，退潮现象一直持续到水位下降6米左右时才停止。

在此之后，湖水大约“休息”两小时，然后继续消退，一直消退到湖底的浅滩出现，才渐渐停息。

大概4个小时后，消退的湖水又开始慢慢返回“家园”，马拉维湖渐渐恢复了原有的波光。

“涨潮”现象出现在下午7点左右。每当这时，湖水就开始骚动，水位不断上升，一直到湖水漫溢，倾泻到四面八方。

湖水漫涨后，又开始渐渐消退。大概用两小时的时间，马拉维湖才恢复风平浪静的局面。

但是，虽然马拉维湖的涨落时间非常准确，但并不一定每天都出现。有时一天一度，有时几天一次，还有时数周一次。但只要出现涨潮现象，时间一定是上午9点左右，非常守时。

世界各国的地理学家研究这种现象数十年之久。有的人认为它定点出现涨落现象与地质环境有关，可是，位于东非大裂谷的湖泊并不止马拉维湖一个，为什么只有它有这种现象？也有人认为这与星球间的引潮力有关，但是引潮力作用的应该是整个地球，不会只作用于一个湖泊。

总之，大家对此众说纷纭，这个令人头疼的谜题至今仍然未解。

放大钱币的“招财”古井

很多人都做过发财的梦，如果有某种神奇的东西，能把手中的财宝放大该多好！甘肃省的武威雷台汉墓里的一口汉代古井，竟然就有这种神奇的功能。

这个古井自从被发现以来，就不断吸引着人们的眼球。如果把钱币扔进井里，钱币竟然就能被放大，这口古井可真是“见钱眼开”。

这可就奇怪了，按常理来说，钱币扔到井里，距离远了，看上去应该小很多，可是为什么在这口井里，钱币看上去反而更大呢？

墓中修井本来就是挺奇怪的事情，而放大功能又该怎么解释呢？这些究竟只是一个巧合，还是古代能工巧匠们的精心设计？

关于古井的放大之谜，还有一个神奇的传说。东汉时有一个家境贫寒的小吏，常常做发财梦。一天，他上了雷台，看到一位道长，就对道长诉说了自己的苦闷。道长说："我满足不了你发财的愿望，但能让你过把瘾。"于是，道长把一枚铜钱扔到井里，那枚铜钱竟然变得跟井底一样大，还在闪闪发光。小吏探头一看，一声惊呼就跳到了井里，一头扎在了铜钱眼里。道长见状，来不及救他，只好叹道："这世上竟真有往钱眼里钻的人呢！"然后一扫拂尘而去。

当地人都传言：这是墓室的主人显灵了！这种种传说给古井披上了一层神秘的面纱。

可是，传说毕竟是传说。我们要想揭开古井放大之谜，首先应该看一看古井的构造。

这口古井深12.8米，是用典型的汉代古薄砖砌成。据考证，这口古井一直到19世纪90年代中期才逐渐干涸。

原来，根据古代的习俗，在墓道中凿井，寓意着富有和尊贵。这口井用砖堆砌而成，砖与砖之间没有任何黏合材料。现在，井壁的砖大部分风化严重，只有井底部分的壁砖仍然完好。

经过严密的测绘，人们发现这并不是一口垂直的井，而是上下窄，中间鼓。古井开口处直径0.95米，井底直径0.86米，而井中部的直径达1.15米。

那么，这种构造与古井的放大功能有关系吗?

有人认为，一般水井的井壁大多直上直下，而这口古井却是腰鼓状，而且距井底 1 米处的壁砖，是用人字形堆砌的。这种别具一格的造型可以反射光线，这种奇特的反射能使井中物体产生意外的放大效果。

但是，这种说法很快就被物理学家否定了：从物理学上来说，放大功能和井的结构没有任何关系。

不是古井本身的原因，难道是古井中气体的作用？有的专家认为，井中可能有某种比空气密度大的气体，光线透过这种气体的界面时，可以产生折射，从而产生了放大的作用。

可是根据化验，井里并没有什么特殊的气体或物质。既然排除了物质的原因，那么这或许只是人们的视觉错觉？有的专家提出了新的说法，因为大家选择的参照物不同，所以感觉看到的东西大小也不一样。

例如，人们总是觉得早晨的太阳比中午的大，那是因为早晨太阳刚升起的时候，跟地平线上的房屋、树木很近，人们下意识地把这些东西当做参照物，就会觉得太阳很大。而到了中午时，太阳位于天空正中间没有参照物，就给人造成了相对较“小”的错觉。同样的道理，如果把井空旷的四壁作为参照物，井底的钱币自然就显得大了。

很快，这种说法也被人推翻了。按照这种说法，钱币应该在类似的井里都有放大效果。有人做了试验，用同样的钱币，在别的井里却没有出现放大的现象。

紧接着，又有人提出新的看法。他们认为井中心的温度低，边缘的温度高，这种情况可能出现井中物体放大的现象。具体说来，就是在同等介质的气体中，空气对光线的折射率在温度高湿度小的地方比较低，在温度低湿度大的地方比较高，因此就出现了放大作用。

看来，只要测出井底附近的空气温湿度，就能找到这个空气自带的“放大镜”。可是，工作人员用一般的温湿计测量，井底与井口的温度相差仅2℃，湿度相差仅仅10%。至于井底中心和边缘的微小变化，就测不出了。

更奇怪的是，在古井底部，有一根直径40厘米左右的木头。

我们不禁想问，这根粗大的圆木为什么被放在井底？它与古井的放大功能有关吗？古井下面难道还有其他建筑？这口古井到底还藏着怎样的秘密？这些谜题，都等待着人们去揭开。

怪火蔓延海面

1975年9月2日傍晚，在江苏省近海朗家沙一带，海面上出现了奇怪的亮光。随着波浪的起伏，海水就像燃烧的火焰那样翻腾不息，熊熊的亮光直到天亮才逐渐消失。

第二天夜晚，海面上的亮光再次出现了，而且更亮。在以后的夜晚，“海火”不仅没有消失，亮度反而逐渐加大。

到第七天，海面上竟涌起很多泡沫。当渔船驶过时，激起的水流异常明亮，就好像是灯光在照耀，水中竟然还有珍珠般闪闪发光的颗粒。几小时之后，这里发生了一次地震。

无独有偶，类似的现象也发生在日本。1933年3月3日凌晨，日本三陆海啸发生时，人们看到了更奇异的海火。海面上波浪涌进的时候，三四个像草帽形状的圆形发光物出现在浪头底下，并排着前进。它们呈现青紫色，像探照灯那样，光芒照向四周，那亮光足可以使人看到随波逐流的破船碎块。不一会儿，互相撞击的浪花又把这圆形的发光物搅碎了，它们立刻就不见了。

上述的海水发光现象被人们称为“海火”。研究人员发现，它经常出现在地震或海啸之前。

1976年7月唐山大地震的前一天晚上，秦皇岛、北戴河一带的海面也出现过发光现象。最令人震撼的情景出现在秦皇岛码头，那儿的海水中竟然出现了一条火龙似的明

诡谲的海火至今仍是个未解之谜。

亮光带。

这种现象在世界许多地方都可以见到。神秘的海火像一个可怕的幽灵困扰着人们，对于它产生的原因，人们也是一筹莫展。

很多人认为，海火与海里的发光生物有关。海里的发光生物因受到惊扰而产生发光现象，是早为人们所熟知的知识。

能发光的生物种类繁多，除甲藻外，还有许多细菌和放射虫、水螅、水母、鞭毛虫，以及一些甲壳类、多毛类等小动物。

因此，很多人推测，当海水受到地震或海啸的剧烈震荡时，便会刺激这些生物，使它们发出异常的亮光。

但是一些学者对此持有异议。他们指出，在狂风大浪的夜晚，海水也会同样激烈地搅动，为什么却没有产生海火？

还有一种说法是“电流机制说”。

美国专家曾经对花岗岩、玄武岩、大理石等多种岩石进行了破裂实验，他们发现，当压力足够大时，这些岩石会发生爆炸性的碎裂，并在几毫秒内释放出一股电子流，激发周围的气体分子发出微弱的亮光。

同样，如果把岩石样品放在水中，那么其碎裂时产生的电子流就能使水面发出亮光。

但是新的问题又出现了：只有当地震海啸发生的时候，岩石才会出现大量爆裂的现象；普通的海啸发生时，岩石是不会出现大量爆裂现象的。但是有很多普通海啸发生时，海火也会出现。

也有一些人认为，作为一种复杂的自然现象，海火的形成很可能有多种原因，生物发光和岩石爆裂发光只是其中的两种。除此之外，可能还有其他成因。但这些原因究竟是什么，还有待人们的进一步研究。

海上惊现神秘光轮

海洋是个奇妙的世界。自古以来，广袤的大海就吸引着人们的好奇心，等待着人们去探索。关于大海的神秘故事有很多，虽然在科学技术高度发达的今天，相当一部分的海洋谜题都已经被人们揭开，但这仅仅是人类向海洋进军的第一步，广阔的海洋还有很多很多的谜题等待人们去解答。神秘的“海上光轮”之谜就是其中之一。

1880年5月的一个黑夜，“帕特纳”号轮船正在波斯湾平静的海面上航行。突然，两个直径约500~600米的圆形光轮分别出现在轮船两侧。

这两个奇怪的光轮各有自己的中心，它们在海面上围绕着自己的中心旋转着，几乎都擦到了船边。

船员们惊奇地看着这一场景，圆形光轮跟着轮船前进，过了大约20分钟后才渐渐消失。

1909年，英国的一个协会举行了一次会议。在这个会议上，有人宣读了一艘船只的航行报告。报告中描述了两个向船身旋转而来的“海上光轮”。

更奇怪的是，当它们靠近该船时，船只的桅杆竟然一下子倒了，紧接着散发出一股强烈的硫黄气味。当时，船员们对这种奇怪的光轮印象很深，为它起名为“燃烧着的砂轮”。

1909年6月10日夜间，一艘丹麦汽船正在马六甲海峡中航行。突然间，船长宾坦看到海面上出现了一个奇怪的现象：一个圆形光轮在空中旋转着，几乎要与海面相接了，但没有完全相连。宾坦被眼前的场景惊得目瞪口呆。过了好一会儿，这个光轮才消失。

1910年8月12日夜里，荷兰“瓦伦廷”号轮船在南海上航行时，船长布雷耶也看到了一个“海上光轮”在海面上飞速地旋转着。

可是，这次“海上光轮”事件与其他事件不同的是，该船的全体船员在光轮出现期间，都产生了一种不舒服的感觉。

这是一种能发出荧光的海底动物，很可能与海上光轮有关。

综观这些神奇的事件，不难发现一个有趣的情况：“海上光轮”出现的地点大多为印度洋或印度洋的邻近海域，其他海域很少发生。

难道印度洋有什么魔力吗？这种奇怪的现象是怎么回事呢？对此，人们作了种种推论和假设。

有的人认为这不足为

奇。舰船的桅杆、吊索、电缆等的结合都可能产生旋转的光圈，说不定是某种情况下突然形成了比较大的光圈。

也有人说，海洋浮游生物会发出美丽的光芒。有时，两组波浪在相互干扰的作用下，会让发光的海洋浮游生物产生一种有规律的运动，远远看去，就像是旋转的光圈。

这种种假设虽然都有各自的道理，但都不能拿出充分的证据。而且这些说法似乎都不能够完美地解释那些并不是出现在海水表面，而是出现在海平面上空的“海上光轮”。

于是，又有人提出新的看法：“海上光轮”可能是由于球形闪电的电击而引起的现象。但这也只是猜测，谁也不能加以证实。

就目前看来，人们对这种变幻莫测的“海上光轮”的了解并不多，如果想解开这一谜题，需要海洋科学工作者做大量的调查工作，收集更多的例子，做出更大的努力。

会隐身的乔治湖

科幻片中的主人公经常会有“隐身”的绝技，他们采用这种技巧躲避对手追杀，或者神不知鬼不觉地执行秘密任务。

当然，这只是人们的想象，现在还没有哪个人会“隐身”。但是，地球上却有一个湖，拥有这种人类都无法掌握的“隐身”绝技。

这个湖就是位于乌干达西南部的乔治湖。乔治湖并不大，长29千米，宽16千米，面积大概为246平方千米。湖水比较浅，最深处也只有3米左右。

这个湖的自然资源非常富饶，湖里的渔产丰富，而且沿岸有很多纸莎草的沼泽。

可是，乔治湖最出名的东西并不是它富饶的物产，而是它行踪不定的“隐身”绝技。

原来，每隔一段时间，乔治湖就要消失一阵。当它消失的时候，原来的湖底就变成了一大片草原。

然而，不知道哪一天，草原又神不知鬼不觉地消失了，碧波荡漾的湖水悄悄地重新出现在人们眼前。

据统计，该湖平均每12年为一个周期，从干旱到丰水通常需要3~5年的时间，干涸时间和丰水时间基本相等，各占大约5~6年。

虽然乔治湖时不时地会干涸，但每个丰水期，乔治湖的面积都在200多平方千米左右，湖面平均深度为2米左右，跟平原水库没什么两样。

那么，这种奇怪的现象是怎么出现的呢？要想解答这个谜题，我们得先弄清楚乔治湖湖水的来源和去处。

但令人奇怪的是，既没有河流汇入乔治湖，也没有水路流出乔治湖。科学家们至今都无法弄明白，这水是从何而来，又流去哪里。

那么，湖水的干旱与盈满有什么明显的规律吗？在发生变化前，乔治湖有什么预兆吗？经过调查研究，人们发现，虽然乔治湖干涸和丰盈的平均周期为12年，但每次变化的时间都不相同，没有明显的规律可循。

乔治湖悄然“隐身”，在广阔的草原上，哪里还能见到大湖的痕迹?

而且，乔治湖的干涸和丰盈出现得都比较突然，没有什么明显的自然现象作为预兆。

现在，呈现在我们面前的乔治湖就是个干燥的洼地，没有一滴湖水。由于它已经干涸了整整20年，在原来的湖底上长出的树，都达到了十几米高。青草长得也非常茂盛，羊群悠闲地在这里吃草。看到这么一幅典型的草原景观，谁能想到那里原来是个货真价实的大湖，曾经是鱼虾生活的乐园呢？根据数据统计，从1820年至今，乔治湖已经反复消失和出现过5次之多。这种变化显然不是偶然的。那么这究竟是为什么呢？

科学家曾经对乔治湖这种奇怪的自然现象进行了多年研究。有人认为，湖水的消失与再现可能与星球运行有关。因为星球的运动一直在变化，它们之间的引力变化导致了湖水的消失和再现。

但是，这种说法也仅仅只是一种假说，并没有充足的证据。

也有科学家认为，乔治湖是典型的时令湖，时令湖的水源主要是河水和雨水。当雨量少的年份，水分大量蒸发，补给却不足，湖水就会干涸，而雨量足的时候，湖水就丰盈起来。但目前的研究表明，乔治湖并没有一条为它提供水源的河流，因此这种说法也站不住脚。

还有一种听上去比较“离奇”的说法：该地区的地球板块有自动开启和关闭的“特异功能”。这样就不难解释湖水为什么会在短短的时间内消失，甚至连湖中的鱼虾都一并消失的现象了。

可是，这种种说法都没充足的证据来证明。会“隐身”的乔治湖至今还是一个悬挂在非洲大地上的问号。

高空的魔鬼之手

常言说：“人往高处走，水往低处流。”几千年来，这话已经被人说了不知道多少遍，也早就成为众所周知的俗语，被奉为“公理”。

可是，在中国新疆的克孜勒苏自治州，有一条河却偏偏跟人一样，不往低处走，只愿意往高处走。

这一奇观位于克孜勒苏自治州的乌恰地区。在距离县城190千米处，有一条名叫什克河的小河。这条河并不宽，也没有壮阔的波澜，看上去普普通通，与一般的河流并没什么两样。

什克河呈南北走向，上游是低洼之地，下游地势相对较高，顺着河流走下去，下游竟然爬到了一个小山包上。

令人称奇的是，河水从低洼之地开始流，沿着山坡拐来拐去，一路攀爬，在山包上转了两个圈，一直流到了高高的山包顶上，然后流到山包的另一侧，又顺着山坡向下游流去。

站在山包下往上看，山顶至少也有十几米高，那么这条神奇的小河是怎么流上去的呢？当地人又是怎么看待这一奇特景观的呢？

山包上常年驻守着一些边防战士，这些战士们只知道这条河被当地人称为“神水”，他们每天都用这股“神水”做饭、洗衣服、浇地，只是当地人也不清楚河水倒流的奥秘何在。

边防战士们说，他们刚来的时候，见到这条倒流的河都惊异不已，对其中的原因百思不得其解。

但是随着日子一天天过去，他们发现河水无论是饮用还是使用，都跟普通河水无异，这样时间一长，大家也就见怪不怪了。

可是，河水怎么能违反重力定律，流向高处呢？难道是山包有什么玄机，造成了人们视觉上的误差？对此，专家们又是怎么看的呢？

随着什克河的名气越来越大，有测绘人员来这里进行实地测量，结果令人吃惊：山包确实比上游河面高，而且不是高了一点，足足高了14.8米。这样的高度差，怎么可能造成视觉错误呢？

于是，又有人提出一个说法：会不会是地磁作用，坡顶有什么磁场异常，所以吸引着河水流向高处？

但是仔细一想，这个说法也不通。如果坡顶有磁场异常，那为什么什克河在绕过山包后，从另一侧却正常地流下山坡了呢？

后来，又有不少地理学家和地质学家亲自来到这里，进行了实地考察，但是都没能做出令人信服的科学解释。

看来，在提出科学的推测和找到确凿的证据之前，什克河的倒流现象仍然是个未解之谜了。

游走的罗布泊

一直以来，新疆的罗布泊都蒙着一层神秘的面纱。突然消失的楼兰古文明，奇怪的“大耳朵”轮廓，独特的地质条件……这种种现象都引起科学家们的纷纷争议，至今并无一个定论。

19世纪初，瑞典探险家斯文·赫定来到罗布泊进行实地考察，他认为罗布泊是个“游移湖”，在南北的方向上

现在的罗布泊早已干涸，只剩下坚硬的盐壳覆盖着地表。

不断游走，游移周期为1500年左右。

他认为，由于流入罗布泊的河水挟带着大量泥沙，这些泥沙沉积在湖盆里，让湖底渐渐抬高，于是湖水向较低的地方移动。一段时间后，之前被抬高的湖底因为受到风的吹蚀，慢慢降低；而当时的湖底由于泥沙堆积，又抬高了，于是湖水回到原来的湖盆中。

就这样，随着时间的变化，罗布泊就像老式的钟摆一样，南北游移不定。很长一段时间内，罗布泊的“游移说”占据了绝对优势。

而且，罗布泊跟楼兰文明息息相关。这个神秘的湖泊孕育了灿烂的楼兰文明，那么楼兰文明的消失，是否与罗布泊的游移有关？

长期以来，这些谜题都困扰着研究罗布泊的人们。

可是最近，一个新的学说提了出来，给罗布泊的研究注入了新鲜血液，也完全颠覆了以往的学说。

曾经26次进出罗布泊的著名沙漠学家夏训诚认为，罗布泊的位置变化是受入湖水系的影响，并不是因为大面积的地面风蚀而发生的湖体游移。这么说来，很多年以来被人们认同的“游移说”并不正确。

从高度上看，罗布泊与它南面的喀拉和顺湖都是平原中的小洼地，而罗布泊要比喀拉和顺湖更低一些。罗布泊最低处比喀拉和顺湖低10米左右，水往低处流，因此不太可能发生罗布泊的水流向喀拉和顺湖的现象。

而且，科学家们在考察中发现，干涸的湖底都是盐壳，坚硬度很大，用铁锤都很难敲碎，看来风的吹蚀作用并不容易让湖底降低。

还有一个证据也有力地驳斥了“游移说”。按照斯文·赫定的推测，每1500年左右，就有10米以上的沉积物形成。但在湖底探测的时候，人们发现，湖底沉积物的1.5米深处，竟然是3600年前的沉积物。而且沉积物中含有香蒲属和莎草科植物花粉，这些水生植物的花粉在不同层次中都有沉积。这个有力的证据说明，近万年来，经常有水积在罗布泊。

考察结果显示，水流一般先进入喀拉和顺湖，最后才到达罗布泊。喀拉和顺湖并不是终点湖，只是个淡水湖。根据这些证据看来，罗布泊是一个南北“游移湖”的说法是不符合实际的，因为历史资料显示，罗布泊的水体并没有发生过倒流入喀拉和顺湖的现象。

既然“游移说”不符合科学常识，那么罗布泊的水体移动又是怎么回事呢？实地考察后，科学家们发现罗布泊及周围地区是宽浅洼地，高差很小。又因为塔里木河和孔雀河的下游水系经常改道，所以它们的终点湖罗布泊的位置、大小、形状就随之发生较大的变化。

看来，楼兰古文明的兴衰也与罗布泊的水体改变紧密相关。气候干燥，高山冰川开始萎缩，河流水量减少，水源的变化导致了人口的大规模迁徙，因此楼兰开始渐渐废弃……

一个世纪以来，罗布泊由一个烟波浩渺的大湖，最终变成了一个干涸的洼地。这种种沧桑，给我们留下了很多谜题，也留下了很多警示。

尼斯湖中的水怪

在英国苏格兰北部，气势磅礴的格兰特山脉从西南向东北绵延。这条山脉中有一条著名的大峡谷——苏格兰大峡谷。峡谷中有一串从西向东的湖泊，分别是尼斯湖、洛奇湖和奥斯湖。

在这三个湖中，以尼斯湖最大、最深。不仅如此，由于众所周知的“水怪”，尼斯湖的名声也最大。

尼斯湖水怪，是地球上最神秘也最吸引人的谜题之一。传说中，尼斯湖水怪像史前时期灭绝的蛇颈龙一样，有着巨大的身躯、细长的脖子和三角形的小小头部。它一般在水中只露出一个背，默默地游动着，时隐时现，当它发现人们窥视自己的时候，就倏忽潜入水中，消失不见。

每年有成千上万来自世界各地的游客到尼斯湖参观，希望能有幸一睹水怪真面目；同时，很多科学家和探险者也纷纷来到这里，希望一探究竟。

早在1500多年前，附近的居民就盛传有尼斯湖中巨大怪兽常常出来吞食人畜的传说。

关于水怪的最早文字记载可追溯到公元565年。当时，爱尔兰传教士圣哥伦伯和他的仆人在湖中游泳，仆人突然发现一个巨大的怪物向自己扑来，赶紧大声呼叫。幸亏传教士及时相救，他才逃过一死。

此后的十多个世纪中，有关水怪的消息层出不穷。

1802年，有一个叫亚历山大·麦克唐纳的人也声称目击过水怪。他说，有一次他在尼斯湖边劳动，无意间抬头，突然发现一只巨大的怪兽露出了水面。它的形状很奇特，正在用短而粗的鳍脚划着水，气势汹汹地向他冲了过来。霎时间，怪兽离他仅有四五米远的距离，他吓得落荒而逃。

1880年初秋，一只游艇在尼斯湖上行驶，突然，一只巨大的怪兽冲出了水面。它全身都是黑色的，有着细长的脖子，三角形的脑袋，像一条巨龙一样在湖中昂首前进，把湖面卷起一阵巨浪，把游艇掀翻沉入湖底，艇上的游客也全都落水淹死了。这个消息一传开，就轰动了当时整个英国。

同年，潜水员邓肯·莫卡唐拉也亲眼目睹了湖怪。当时，他为了检查一艘失事船只的残骸而潜入尼斯湖底。可是，他潜入湖底后不久，就立刻向岸上发出一堆杂乱的信号。地面上的人们不知道发生了什么事，赶紧把他从湖底拖上岸来。他上岸之后，脸色发白，浑身颤抖，一句话都说不出来。经过几天的休息和医治后，他才把在湖底的经历讲了出来：当时，他正在检查沉船的残骸，一回头，突然看到湖底的一块岩石上竟然躲着一只怪兽，就像一只巨大无比的青蛙一样，看上去十分可怕，吓得他差点昏过去，狂按信号发射器求救，才躲过一劫。

英国海军少将歌尔德对尼斯湖湖怪十分好奇，他曾经访问调查过50个声称自己亲眼见过怪兽的人。在综合研究了各种描述后，他画出了一个怪兽模样：全身呈灰黑色，背上有两三个驼峰，身长大约15米，颈长大约1.2米。然而，这只是一种推测，并没有科学依据，不能当作证据。

所以，当时很多人并不相信，认为这些说法不过是古代的传说或者人们茶余饭后的无稽之谈。虽然尼斯湖水怪的名气越来越大，但自古至今，有不少学者对“尼斯湖水怪之谜”一直持怀疑甚至完全否定的态度。他们认为，尼斯湖根本就没有什么怪兽，人们看到的若隐若现的影子，只是光的折射现象造成的视觉错觉。

神秘的尼斯湖吸引着众多游人前来一探究竟。

尼斯湖到底有没有怪兽，如果有，它又是什么动物？如果没有，那大家看到的又是什么呢？迄今为止，这仍是个未解之谜。

时隐时现的幽灵岛

在茫茫的大海上，有这样一些奇怪的岛屿。它们的行迹诡秘，时隐时现，就像恐怖的幽灵一样，有时突然出现在人们视线里，有时又神不知鬼不觉地消失不见。因此，人们形象地把它们称为“幽灵岛”。在地中海西西里岛附近，人们就发现了这样一个“幽灵岛”。

1831年7月10日，一艘意大利船行驶在地中海西西里岛西南方的海上时，船员们看见海面上突然涌起一股直径大约200米、高20多米的水柱。转眼之间，这股水柱就变成了一团烟雾弥漫的蒸汽，然后升到了近600米的高空中，并在整个海面上扩散开来。

船员们虽然都有丰富的航海经历，但这样奇异的景观还是第一次见到。他们全都惊得目瞪口呆。

8天以后，当这艘船返回时，船员们发现这儿竟然出现了一个以前从未有过的小岛！这是个货真价实的小岛，是由岩石构成的。小岛还冒着浓烟，许多红褐色的多孔浮石和大量的死鱼漂浮在四周的海水中。

以后的10多天里，小岛不断地“长个儿”，由4米长到60多米高，周长扩展到4.8千米。

更奇怪的事情还在后面——两个月后，这个小岛又不知不觉地从人们的视野中消失了，就好像从来都没存在过一样。

可是，在以后的岁月中，它竟然又在同一位置出现了，但没过多久，就又隐藏起来，如此反复很多次。

类似这种岛屿忽隐忽现的现象，在地中海、太平洋海域及北冰洋均发生过。除此之外，还有一个“幽灵岛”事件也很出名。

在大海上，幽灵岛的出现和消失是否与浮冰有关呢？

这一事件还要从1707年说起。这一年，在斯匹次培根群岛以北的地平线上，英国船长朱利叶斯首先发现了一块陆地，于是，他将这个小岛标记在航海图上。

1825年，英国探险家德克尔斯蒂也发现了这个小岛，并把它命名为德克尔斯蒂岛。由于这个小岛盛产海豹，许多捕捉者来到了这里，并修建了修船厂和营地。但令人不解的是，这个小岛在1954年的夏天突然不见了。

在南太平洋汤加王国西部的海域中，有个名叫小拉特的岛屿也是如此。

根据历史记载，公元1875年，它高出海面9米，是个小岛屿；1890年，它竟然“生长”了，高于海面达到49米；1898年，小岛从海面上消失了，根据探测，它沉没在水下7米深；1967年，它又毫无预兆地冒出海面；1968年，它又消失不见了；1979年，小岛再次出现……

人们对“幽灵岛”事件百思不得其解。这些奇怪的小岛为什么会像幽灵一样时隐时现呢？

有人说，小岛是随着火山运动而变化的。像地中海的幽灵岛周围出现的泡沫状的浮石、死鱼和热气腾腾的水柱，都是很明显的火山运动的表现。而且小岛浮出水面后又不断长高，这更证明了小岛的出现与火山作用有关。

可是，这种说法虽然能解释小岛的出现和增高，却解释不了小岛为什么突然消失。照这种说法，火山运动停止后，岩石和火山灰土构成的小岛应该一直存在，而不至于从海面上消失不见。

也有人认为，幽灵岛是本来就存在的小岛，只不过下面有大块的浮冰，因此它能在大海里时隐时现。

也有人推测，幽灵岛下有巨大的暗河，河流带来大量的泥沙在海底越积越高，直至升出海面，形成泥沙岛。而随着时间的流逝，在汹涌的河流冲击下，泥沙岛又被冲垮而消失。

虽然众说纷纭，但到目前为止，人们还没有找到具有说服力的解释。

守时的间歇泉

在我国西藏雅鲁藏布江上游的一个地方，有一口热水泉。一天，这口泉开始了短促的喷发和停歇，反复了很多次。突然，随着一阵惊心动魄的巨大吼声，冒着滚滚热气的蒸汽和泉水突然冲出了泉口，立刻变成了直径两米以上的气柱和水柱，高度竟然达到了20米左右！柱顶冒着滚滚的蒸汽团，蒸汽继续翻滚腾跃，直冲蓝天，景象非常壮观。

这令人震惊的场景就是间歇泉喷发。间歇泉并不仅仅出现在我国，它在世界各地都有分布。

世界上间歇泉最为集中的国家应该要数冰岛了。在冰岛首都雷克雅未克郊区的一个山间盆地里，有一片著名的间歇泉区，其中最有名的一个间歇泉叫“盖策”。“盖策”在冰岛语中的意思就是“间歇泉”，久而久之，这里的人们就把所有的间歇泉都称为“盖策”了。

平时看上去，这个泉是一个圆圆的、直径20米左右的水池。碧绿清澈的热水把水池灌得满满的，热泉水还沿着水池的一个缺口平静地流出。

可是，这种祥和的美景持续不了多长时间，泉水就会突然暴怒起来。只见池中的水开始翻滚，池子底下开始传出开锅似的“咕嘟”声。声音响了没多久，一条水柱就突然冲天而起，直奔蔚蓝色的天幕；紧接着，地面上的人们感受到空气中开始飘洒起滚热的细雨。根据考察，“盖策”喷发的最高高度可达70米。

由于这个间歇泉名气非常大，“盖策”渐渐就成为世界上对间歇泉的通用称呼了。

美国黄石公园里，也有一个著名的间歇泉，它的名字叫“老忠实”。从这个有趣的名字就可以得知，这个间歇泉非常守时。

这个间歇泉不仅喷发猛烈，而且喷发的时间非常准确，总是每隔一小时左右喷发一次，既不提前也不迟到。因此，人们打趣地给它起了个“老忠实”的美名。可是，因为地震和其他地壳运动，“老忠实”也发生了一些变化，现在的它没有以前那么遵守时间了。

那么，这些间歇泉为什么会“守时”喷发呢？

一般来说，间歇泉喷发的时间并不长，通常喷了几分钟至几十分钟后就会自动停止，但隔上一段时间，它又会发生一次新的喷发。间歇泉的喷发总是喷喷停停、停停喷喷地循环。

根据统计，间歇泉多出现在火山运动活跃的区域，因此，有人把它比喻为“地下的天然锅炉”。这是为什么呢？

原来，在火山活动地区，灼热的熔岩能让地层水化为水汽，水汽沿着地表的裂缝开始上升。随着水汽上升，周围的温度也开始下降，当温度下降到凝结点时，水汽就凝结成温度很高的水喷出地表。

喷发以后，随着水温渐渐下降，地下的压力就会减低，喷发也因此暂时停止，泉水又积蓄力量准备下一次新的喷发。

间歇泉创造的雄伟壮阔的喷发景观，让观者无不倾倒，可它已经不再神秘，因为科学家已经为我们揭开了它神秘的面纱。

水下的壮美“陆地”

我们生活的地表千变万化，既有平原和丘陵，也有峡谷和高峰。可是你知道吗？在烟波浩渺的大海底下，竟然也有跟我们生活的陆地一样的“地形”。这些水下“陆地”的壮美程度丝毫不亚于真正的陆地。

随着海洋技术的发展，人们可以清楚地观看海底那坡度陡峭、异常壮观的峡谷。这些峡谷的壮美令人叹为观止。

目前通过卫星探测到的海底峡谷已达几百个，它们宛若一条条巨龙，尾巴留在大陆架，而龙头则探进了大洋底。

海底峡谷蜿蜒弯曲，沟壑纵横。比较著名的白令峡谷，全长可达440千米；巴哈马峡谷谷壁的高度竟然达到了4280米，陆地上的大峡谷与它们相比，真是小巫见大巫了。

我们知道，虽然海上狂风怒吼，波浪滔天，但几百米以下的海底却是个相当宁静的世界。那么，是什么力量造就了如此宏伟的海底峡谷呢？

美国的科罗拉多大峡谷是由河流侵蚀形成的，海底峡谷的成因与此相同吗？

为此，海洋学家们已经争论了半个多世纪。有的科学家认为，海底峡谷是由于海水侵蚀形成的。可是，虽然大海常有波浪，但其侵蚀作用远远不足以形成这么壮阔的峡谷。

于是，又有人提出，海底峡谷是海啸侵蚀海底造成的。可是新的问题又出现了：在没有海啸的地区照样有海底峡谷的存在。或许海啸能形成一部分海底峡谷，但绝不是所有海底峡谷形成的原因。

有些科学家根据海底峡谷的形状与陆地峡谷相似的特点，推测海底峡谷可能是河流侵蚀的结果。

这种观点认为，海底峡谷所在的海底曾经是一片陆地，陆地上的河流剥蚀出陆地峡谷，后来由于地壳下沉或海面上升，这些陆地才淹没于波涛之下，陆地峡谷也就成为了海底峡谷。

但是，一些人对这种说法也存有异议：海底峡谷广泛见于地壳运动不多的构造稳定区，因此，河流侵蚀说很难成立。

后来，人们通过多年的观测，在海底峡谷谷底发现了不时向下游移的沙砾和浊流的痕迹。

于是有人提出，海底峡谷很可能就是由浊流“凿”出来的。

海洋中奔腾而下的浊流含有大量沙砾和泥沙，因此具有强大的侵蚀能力。随着水流强大的冲击力，浊流携带着的沙砾和泥沙充当了侵蚀的“武器”，由此“凿”出了海底峡谷。

持这种说法的人还摆出事实来证明他们的理论。在铺设纽芬兰海底的电缆时，人们发现电缆曾在不到一昼夜的时间里多次被冲断。工程人员本以为是有人蓄意破坏，但后来查出的结果却令人大吃一惊：原来是海底一股含大量泥沙的浊流造成的。这一事实说明，海底确有浊流存在，而且其侵蚀能力不容小觑。

不过，仍有人对此持保留意见。浊流的侵蚀能力虽然强大，但海底峡谷的规模如此庞大，难道是光靠浊流就能切割成的吗？

对此，很多学者仍然表示怀疑。虽然海底峡谷的成因至今仍无定论，但是相信随着科学技术的发展，人们一定会解开这个谜。

死亡之岛——塞布尔岛

随风漂流、沉船、死亡、荒草杂生、魔鬼……这些词组合在一起，让人不由得联想到恐怖小说或电影的经典情节。不过，把这些虚拟情节中的场景套在我们真实生活的世界中的一座小岛上，可就恰如其分了。

据说，这个恐怖的小岛位于北大西洋上，是一座令人不寒而栗的“死亡之岛”，名叫塞布尔岛。

据地质学家考证，几千年来，由于巨浪的冲蚀，这个小岛的面积和位置都在不断地发生变化。

最早，它是由沙质沉积物堆积而成的沙洲，一度草木繁茂。随着岁月的变迁，如今沙洲已变成沙漠。

现在的小岛十分荒凉，仅剩一些低矮的植被，面积缩减大半，东西长40千米，宽不到2000米。

这个岛最古怪的地方就是会移动位置，而且移动得很快，仿佛在小岛下面长有一双看不见的脚。

每当洋面刮起大风时，它就会像帆船一样被吹离原地，开始一段海上“旅行”。由于海风的日夜吹送，在近200年来，这个月牙形的小岛已经向东“旅行”了20千米之远，平均每年移动100米。

不仅如此，塞布尔岛的特点跟它的外观非常符合，它更恐怖的地方还在于能给航海家带来“沉船厄运”。

塞布尔岛到处是细沙，四周布满流沙、浅滩。船只只要驶入小岛四周的海域，就难逃翻沉的厄运。因此，人们将小岛称为“死亡之岛”。

近代以来，从一些国家绘制的海图上看，小岛上布满了各种沉船符号。人们估算，在此地遇难的船只已不下500艘，丧生者已超过5000人，因此人们又把这里称为“大西洋墓地”“魔影的鬼岛”等。

历史资料表明，从遥远的年代到现在，在死亡之岛那几百米厚的流沙下面，便埋葬了各种各样的沉船。这些沉船范围广泛，从捕鲸船、载重船到海盗船，直至近代世界各国的众多船舶。

由于死亡之岛经常移动位置，并且常刮大风，因此人们常常能发现沙滩中船舶的残骸，这就更给它蒙上了一层诡异的气氛。

19世纪时，一艘美国快速帆船下落不明。近一个世纪后，那艘船的船身才从水下露出来。然而三个月后，船体上竟然被堆上了30米高的沙丘。

这种种可怕的现象是怎么发生的呢？难道塞布尔岛真的受到了海神的诅咒，才成为不祥之地吗？

为了解开死亡之岛的奥秘，许多学者提出种种假说。有人认为由于死亡之岛附近海域经常发生巨浪，这些巨浪能瞬间打翻来不及躲闪的船只，由此造成船只失事。因此，船只失事跟塞布尔岛本身的关系并不大。

还有人认为，死亡之岛的磁场与其他地方的迥然不同，且瞬息万变，这使得航行于此的船只上的仪器容易失灵，从而导致了海难的发生。

荒岛岸边诡异恐怖，常常能见到失事船员的尸骨。

而更多人认为船只失事的主要原因是此岛的面积和位置经常发生变化，航海者无法辨别清楚；而且小岛四周又都是大片流沙和浅滩，许多地

方水深只有2~4米，非常容易搁浅。再加上小岛附近气候异常，风暴不断，失事也就不足为奇了。

可是，种种说法都未得到充分的科学论证，看来，谜底的揭开尚需时日。

幻象迭出的威德尔海

世界上有这么一个地方，它有着精美绝伦的光影“剧院”，一幕幕美景散发着摄人心魄的力量。

船在这里航行，就好像在梦幻的世界里漂游，周围的场景瞬息万变，不断展示出不同的奇观，也让行船的人惊心动魄。

有时，船只正在流冰的缝隙中艰难航行，突然发现流冰群周围出现了陡峭的冰壁，船只被冰壁包围在中间，似乎进入了绝境，一点出路都没有，让人惊慌失措。霎时间，这冰壁却又一下子消失得无影无踪，船只转危为安。

有时，船只明明在开阔的水面上航行，却突然开到了冰山顶上，船员们一个个被吓得魂飞九霄。定睛一看，原来根本没有什么冰山，只是幻觉罢了。

当晚霞映红海面的时候，船员们的眼前突然出现了金光闪闪的冰山，它们倒映在海面上，好像在快速向船只砸过来，给人一场虚惊。

正是这一场场虚幻的场景，不知把多少船只引入了歧途。有的船只竟然因为躲避虚幻的冰山，却与真正的冰山相撞，船沉海底；有的船只受到虚景的迷惑，陷入到流冰包围的绝境中。

这就是南极的威德尔海。在这里，大自然不时地向人们展示神奇的魔力，在带给人巨大视觉冲击的同时，它也在戏弄着人们，随时让人们处于惊恐不安中。

在人们心中，威德尔海可谓是仅次于百慕大三角的惊魂海域。它令人害怕的地方，不仅仅是迭出的幻象。在这里，威力巨大的流冰也是船只的杀手。

在威德尔海北部，一到南极的夏天，就经常会出现大片大片的流冰群。它们就像一座白色的城墙，首尾相接，绵延不绝。流冰群中，一般还夹杂着几座漂浮的冰山。有的冰山高达一两百米，方圆可达两百平方千米，就像一个大冰原。这些流冰和冰山随着水流相互撞击、挤压，发出一阵阵震天的“隆隆”声，听上去让人胆战心惊。

船只在流冰群的缝隙中航行非常危险，说不定什么时候，流冰就会挤坏船只，或者把船只逼入“死胡同”。一旦不幸遇到这种情况，航船就会永远地留在这南极的冰海中。

1914年，一艘名为“英迪兰斯”号的英国探险船就在威德尔海被流冰吞噬，从此葬身海底。

可以说，在威德尔海中航行，风向对船只的安全起到了决定性的作用。在刮南风时，流冰群随风向北侧的海面散去，这时，流冰群中就会出现缝隙，船只正好可以在缝隙中航行。可一旦刮起北风，流冰就会挤到南侧靠岸的地方，把船只包围在中央，这时船只的命运只有两种：一是被流冰撞沉；二是被流冰群紧紧挤在中间，无法离开茫茫的冰海。

就算是船只没被撞沉，也至少要在威德尔海的大冰原中待上一年，直到第二年夏季到来的时候，才有可能冲出威德尔海。但是，这样脱险的可能性极小。就算是一年中食物和燃料都充足，威德尔海冬季暴风雪的肆虐，也会把大部分陷入困境的船只损坏，让船员无法度过漫漫寒冬。

不仅如此，在威德尔海，对人们施加淫威的还有鲸群。夏季，威德尔海海水碧蓝，鲸鱼也在成群结队地游着。它们在流冰的缝隙中喷水嬉戏，悠闲自得。可是，别被它们温顺的外表蒙蔽，这些鲸鱼其实非常凶猛，特别是号称“海上屠夫”的逆戟鲸，可以吞没海面上任何动物。

它一旦发现冰面上有人或海豹，就会突然从海中冲破冰面，探出头来，用细长的尖嘴一口吞食猎物，其凶猛程度令人毛骨悚然。也正是由于逆戟鲸的存在，被困在威德尔海的人很难有生还的机会。

威德尔海是一个富有魔力的“幻象之海”，它冰冷、可怕、诡秘莫测，向航行的人们吹着预警死亡的号角。

在苍茫的大海上，巨大的冰山和幻影给航海者带来恐怖的死亡气息。

“五味俱全”的奇河

世界上最长的河、最宽的河、水量最大的河、流域最广的河……说起这些河，相信大多数人不难从地理书上找到答案。可是，世界上有一些河，它们的特点比这些河的“头衔”可要奇怪多了，怪到很多人都闻所未闻。它们有的富有天然的味道，有的蕴涵天然的香气，有的甚至还有五彩斑斓的色彩。

西非的安哥拉境内有一条原名为勒尼达的小河。这条河长度仅6千米，在大地图上一般找不到。这条河奇就奇在河水飘散着浓郁的香气，甚至在百里之外，人们都能闻到扑鼻的奇香。久而久之，“香河”就代替了“勒尼达河”，成为这条河更加广为人知的名字。

难道这条河中流动着天然的“香水”？经过科学家的考证，香味之谜终于解开了：原来这里的河底生长的不是普通的水草，而是一种可以在水中开花的水生植物。一到花季，这种水生植物绽放鲜花，并放出浓郁的香气，花香溶于河水里，“香水”又蒸发到空气中，因此方圆百里的人们都能闻到天然的

一般来说，世界上大多数彩色河和彩色湖，其变化的颜色来自特殊的地质条件。

奇香。

位于希腊半岛北部的奥尔马河，号称“甜河”。这条河全长80余千米，河水甘甜，甚至可以与甘蔗相媲美。这种甜味从何而来呢？地质学家考察了河床和沿岸的土壤后得出结论，河床的土层中含有很浓的原糖晶体，河水从上面流过，自然就带有了天然的甜味。

世上有甜也有酸。酸河位于哥伦比亚东部的普莱斯火山地区，原名为雷欧维拉力河，全长580千米。这条河的水中含有大约8%的硫酸和5%的盐酸，是一条名副其实的“酸河”。由于酸度很大，河中没有任何鱼虾和水生植物存活，就连沿岸的土地上都无法生长植物。更为恐怖的是，这条河是条“杀人河”。人们如果不慎饮用了河水，五脏六腑都会被腐蚀，从而在痛苦中死去；如果有人跳进河水中洗澡，身体也会被腐蚀得皮开肉绽。

世上的奇河不仅香甜酸俱全，还有盛产墨水的河。“墨水河”位于阿尔及利亚，河中流淌的水是货真价实的墨水，当地的人们可以用这些不花钱的“墨水”写字。原来，这条河是由两条小河汇集而成，这两条小河中分别含有可以制造墨水的原料，当两条河水汇在一起后，便形成了天然的墨水。这真是大自然打造出来的“天然工厂”。

河水中流淌着墨水，这已经够奇怪的了，但是，世界上还有一条河，流着的是天然的“颜料”。这条彩色河位于西班牙境内，它从上游到下游分别呈现出绿色、翠绿、棕色、玫瑰色、红色几种。原来，它的上游流经的矿区含有绿色的原料，因此上游的河水呈绿色；上游过后，有几条支流经过一个含硫化铁的地区，水又变成了翠绿色；河继续流入谷地，谷地中有一种野生植物，把水染成了棕色和玫瑰色；到了下游，河流经一个沙地，又变成了大红色。

神奇古井呼风唤雨

在中国古代传说中，龙是一种能兴云布雨的神异动物。在“天府之国”四川，有这么一口古井，两旁摆放着龙形石雕，井盖也是用雕刻着龙的石头做成，而这口古井，人们都说它有“呼风唤雨”的本领。

这口古井叫甘露井，位于云雾缭绕的蒙顶山。传说中这口古井神力无边，每当有人掀起井盖，天气就会骤变，刹那间便会电闪雷鸣、风雨大作。

据当地人说，居住在蒙顶山一带的人们都知道这口井，它确实有一种神秘的力量。就算是天气再好，哪怕天上有着大太阳，只要把这口井的盖子打开，即使别处不下雨，井的周围也会下雨；把井盖一盖上，雨就会停；如果井盖一直不盖，雨就一直下。

那么，这只是一个传说，还是真实存在的事情？许多人被这个说法吸引，纷纷来这里一试真伪。

令人惊奇的是，试验的结果十有八九都应验了那个说法。这就怪了，难道古代传说中能呼风唤雨的“龙”真的存在吗？

根据史籍的记载，甘露井又叫古蒙泉，始建于西汉年间，至今已有两千多年的历史。这很让人意外，因为蒙顶山海拔只不过一千多米，在名山遍布的西南部只是一座名不见经传的小山，此山中的一口井就更微不足道了。这么小的一口井，为何会被载于古籍中呢？这跟它“呼风唤雨”的神奇现象有关吗？

关于这口井的神奇功力，当地还有一个生动的传说。蒙顶山一带本来有一条能兴起风雨的龙，经常给当地带来水灾，导致滑坡、泥石流等灾害。后来，当地的官员为了造福百姓，决定彻底治好水患，于是修了一口井，把这条龙镇压在里面。果真，从此以后，这一带的水患明显减少了。但是，这条被镇压在井里的龙依然活着，一旦有人打开井盖，它还是会从里面出来活动一番。这样，自然就会给这个地方带来降雨。

时间一长，当地居民也就见怪不怪了，都觉得这口甘露井有神灵庇护，一些村民甚至还会常常来上香祷告，祈求风调雨顺。

难道这口古井真的有“呼风唤雨”的灵异能力？难道龙的传说足以颠覆我们的科学知识？

当然，气象学家并不相信这种种传说，他们从科学角度给出了解释：蒙顶山山顶经常云雾缭绕，空气湿度很大。这里的水汽含量一般都处于饱和或接近于饱和的状态。井盖是石头雕刻成的，很笨重，每当掀开井盖，都会引起空气的震动；而且开盖的瞬间，井中的空气跟地面空气发生对流，形成了低沉的“吼声”，这会引起空气的振动。由于周围湿度很大，空气一旦受到振动，就会产生一点降雨。这就像气象学中的“蝴蝶效应”假说一样：亚马孙热带雨林中的一只蝴蝶振动几下翅膀，引起了它周围空气的变化，通过一波波的传递，甚至能引起热带气旋，最终在美国东海岸引起了飓风。

但是，“蝴蝶效应”只是一种假说，并不能作为充分的证据。而且，有人曾经在甘露井附近做过实验，击打铁盆并大声喊叫，这样引起的振动比掀起井盖大得多，却没有一点雨落下。

于是，又有人提出新的观点：蒙顶山一带天气比较冷，空气潮湿；井里面空气的温度更低，湿气更重。一旦掀开井盖，特别是天气比较热的时候，井里面的湿冷空气一放出来，与外面的热空气接触，就会形成小规模降雨。

湿空气遇冷凝结，形成降雨，这个解释听起来似乎很有道理。但是，有的气象学家却认为这不可能。如果井里的温度比外面低的话，空气或水汽都不会上升，只能下沉。这样，就算揭开井盖，也不可能在地面上形成降水。

这个说法又被否定了。难道这口古井的神奇现象真的是个不解之谜了吗？

古井呼风唤雨的灵异现象仅仅是巧合，还是另有什么神秘的原因？

在进行了大量的研究工作后，气象学家提出了一种新说法。蒙顶山一带恰好处于降水量非常大的地方，加上海拔比较高，所以总是云雾缭绕。从气象学的角度来说，掀开井盖跟降雨并无多大关系，只是由于当地常年降水不断，加上有了这么一个传说，揭井盖的人越来越多，这么一来，大部分的时候都能遇到降水。因此，这只是当地特殊的天气情况跟古老传说相巧合，给人们造成的一种心理错觉罢了。

确实，蒙顶山一带雨量丰沛，常年雨水不断，这里的局部气象也一直保持在一种即将下雨的状态。可是，掀开古井盖子跟下雨真的只是巧合吗？看来要得到合理的解答，还需要科学家做出更多的努力。

圣艾尔摩奇火

一天黄昏，几个人在湖边钓鱼。一个人把自己的鱼竿从湖面上举起的时候，突然发现鱼竿的尖端爆发出蓝色的火焰。他以为自己的鱼竿着火了，本能地准备用戴着皮手套的手去灭火。但是，一个念头突然涌上了他的脑海：鱼竿是从水中举起来的，怎么会着火呢？

这个人赶紧让伙伴们也把鱼竿举起来，奇妙的是，大部分鱼竿顶端都出现了神奇的火苗。大家纷纷称奇，收回鱼竿，用手去触摸出现火焰的地方时，神秘的火焰却瞬间消失了。

这种“奇火”还经常出现在海上航船的桅杆上。

1696年，一艘帆船在地中海上航行，船员们突然惊奇地发现，桅杆上竟然闪起了火苗，而且有数十处之多，最为明显的是大桅杆风向标上的火苗，它的火光竟然长达40厘米！

有个船员按捺不住好奇心，大着胆子爬上桅杆，取下风向标，没想到那火苗却一下子跳到了桅杆的顶端。过了好久，这些莫名其妙的火光才消失。

更奇妙的是1880年的一个黄昏，在英国的克拉伦斯，天气骤变，几块雷雨云飘来，紧接着电闪雷鸣。当时，几个工人正在葡萄园里工作，葡萄园的旁边有一块墓地。突然，工人们看到了一个带电体在追逐一个女孩，追了十几米之远，把女孩包围在一片火光中。工人们惊呆了，有的落荒而逃，有的去搬救兵。

没想到的是，逃到墓地旁的几个工人也被火光包围了，仿佛有什么东西在扑打他们的脸。工人们慌忙用手拂过自己的脸庞，他们竟然发现电火花从自己的指端跳走了，一束火焰同时从天而降。这时，追逐女孩的带电体也从墓顶的铁杆上跳跃了过去，还伴随着"咝咝"的声音。

更奇怪的是，这阵怪火消失后，女孩和工人们都没受伤，只是墓地旁的樱桃树被雷电击倒了。

这种怪火发生频率最高的地方要数意大利圣艾尔摩教堂了。雷电之后，人们常常能看见教堂的十字架上燃烧着一团火。

这种火是红色的，火舌时而伸长，时而缩短。虽然看上去吓人，但这种火对人无害，又因为常常在教堂上出现，就被人们看成是吉祥的预兆。

由于圣艾尔摩是海员的守护圣人，圣艾尔摩教堂又经常有这种火烧起，人们就把这种火称为“圣艾尔摩之火”。

古代航海的人们在狂风暴雨中看到船只桅杆上燃起这种火光，都认为是守护圣人圣艾尔摩显灵保佑船只。

但这显然只是一个传说。那么，这种奇怪的火光究竟是怎么产生的呢？要想了解它的成因，就要先弄清楚它究竟是一种什么东西。

一般来说，圣艾尔摩之火有着蓝白色的光辉，有时候看上去很像火焰，但通常情况下，它都是以2~3道的电弧状出现。

圣艾尔摩之火常常出现在船只的桅杆、建筑物的顶端和烟囱等圆柱状的结构上。它的真实身份其实不是火，而是一种尖端放电现象。人们看到的“火光”，其实是放电时发出的电的辉光。大雷雨造成了非常大的电位差，使空气也能导电，并在导电的过程中发出强光。

原来，神秘的圣艾尔摩之火只是一种电的光，并不是真的火焰。

看来，圣艾尔摩之火与传说恰恰相反，它不仅不是祥兆，反而是电击的预兆。因此，一旦有圣艾尔摩之火出现，人们最好尽快避开此地。

三门峡无名怪火

三门峡市位于我国河南省西部，原本是一个不太引人注意的地方，然而，2007年一场持续不断的地下怪火，却使它备受关注。

2007年夏天，三门峡市虢国西路与五原路西段之间一片数十平方米大小的沉陷荒地上，突然蹿出了熊熊火苗，有的甚至高可齐膝，只要上前去随便挖个洞，就能看到洞中燃烧的火焰。

经测试，这里的无名火的温度竟然高达1350℃。更奇怪的是，这场怪火持续了将近一个月，连日的大雨也无法将其浇灭，消防部门曾经多次前去灭火，也无法将其彻底扑灭。

而且，很快又发生了一件令人费解的事。消防部门根据专家的建议，向火洞内灌了五车水，等洞内不见了明火后，随即用沙袋将洞口堵死了。谁知道几天后，竟然又有烟雾不断从地下冒出。

这又是怎么回事呢？专家称，可能是由于地下的火焰熄灭不久，温度还比较高；而地面比较湿润，在向上的热流作用下，才冒出了水蒸气，当然，也有可能是地下仍有火焰在燃烧。

难道是有燃气泄漏，造成了这场不灭的大火？还是地下有煤矿等燃料，因此燃烧不断？

经过检查，人们已经确认这片荒地附近地下没有布设燃气管道，因此不存在燃气泄漏问题。接着，地下埋藏有煤、电石矿的可能性也被排除了。那么，这场怪火究竟是什么引起的呢？

研究人员通过检测发现，燃烧物中含有一氧化碳，但

地下怪火突然自燃，经久不息，其中原因仍有待考证。

供燃烧的物质究竟是固体还是气体，就没法确定了。另外，虽然大火烧了许久，但这种燃烧物却不会爆炸，不会对人们构成威胁。

研究人员又沿着火洞等进行观察，发现这片荒地东侧、南侧的断面上有一层锯末，厚度从四五厘米到几十厘米不等，挖开部分土层，可以清楚地看到里面的小块废弃木料。

那么，这里的地下怪火是否与锯末有关呢？可是这些锯末怎么会引起燃烧不灭的大火呢？

经调查，起火处曾经是三门峡市中密度板厂堆放锯末及其他废木料的地方，两年前中密度板厂已经搬迁了。

有专家认为，自2007年入夏以来，三门峡市连降大雨，这些锯末埋在地下过久，遇水开始发酵，产生热量，达到燃点后发生自燃。可是，为什么在浇灭大火并填充沙石后，地下火却又死灰复燃，甚至还长期燃烧呢？看来，三门峡市的无名怪火之谜尚没有一个合理的解释。

托素湖的神秘铁管

托素湖位于我国青海省境内，原本是一个人迹罕至的地方，然而，近年来它却声名大噪。因为有人发现，在这个湖滩的崖壁或沙地上，竟然遍布着一大片神秘莫测的空心铁管。

在托素湖附近，既没有人长期定居，也没有现代化工业，这些铁管究竟从哪里来，又是谁将它们牢牢固定在崖壁和沙地上的呢？

有人猜测，这是外星人造访地球时留下的痕迹；也有人猜测，这是史前智慧生物的鬼斧神工……

这些推测并不是毫无根据。20世纪80年代初，有人声称在托素湖附近发现了不明飞行物的踪迹。

一些专家据此推测，托素湖地区很可能是当初外星人到达地球之后驻扎的一个基地，而这些铁管恰恰就是外星人离开后遗留在地球上的。

另一些专家却对这一说法提出了质疑。因为根据对铁管成分的分析，这些管状物的主要成分是黄铁矿和石英砂粒，而一般的外星陨石的成分是镍、铁、镉，两者的成分有很大差别。

不久，一些专家提出了石膏学说。其依据是中国地震局实地拍摄的一张托素湖铁管的照片。从照片看，这些铁管虽然周围是黄铁矿，但中心却被石膏填得满满的。

因此，一些专家便推测，铁管的形成与石膏有关。200万年以前，这片地区形成了大量的石膏晶体，随着古湖的形成，这些石膏被淹没在湖底，与黄铁矿相遇后，黄铁矿就以石膏为附着物，经过化学沉淀，慢慢地形成了一个包裹层。

随着时间的推移，地形的变化和降雨量的变化使管状物从原来的水底进入了浅水区，黄铁矿里的硫被氧气置换出来，溶于水后形成了硫酸根，并把石膏溶解掉，由此就形成了空心铁管。

可是，研究人员用伽马仪对铁管进行测试后，发现这些铁管都带有很强的放射性，比当地真正的砂岩竟然要高出20倍左右。那么，这些放射性物质又是从哪儿来的呢？

石膏说本来已经得到了很多人的认可，但这一发现又给石膏说罩上了一层厚厚的迷雾。

随后，又有人提出植物化石成因理论。一些科学家曾经前往托素湖抽取样本进行化验，结果显示：铁管表皮部分的钾含量比较高，而当地植物草木灰的钾含量也比较高，这似乎从一个侧面说明铁管的前身可能是植物化石。

1亿年前，这儿的湖滨生活着各种各样的软体动物。这些动物在松软的泥沙里钻孔时，会把分泌出的黏液以及排泄物与周围的物质混合在一起，形成类似混凝土的空管。天长日久，空管中渐渐注满泥沙。由于这些沉积物含有大量火山喷发的富铁物质，空管的管壁慢慢被铁化。

随着风化作用和地表的变迁，一个个铁化的空管看起来就好像是一段段插入岩石中的废铁管。

可是，经过探测，人们发现管状物与岩石的年龄相去甚远。这么看来，铁管也不可能是植物化石。

几十万年以来，这块土地上究竟发生过什么？这些神秘铁管究竟是怎么来的？这些至今仍是未解之谜。

沉睡千年的海底玻璃

我们每天都要与各种各样的玻璃制品打交道，如玻璃缸、玻璃杯、玻璃灯管、玻璃窗户等。普通玻璃是以花岗岩风化而成的硅砂为原料制成的。然而，在花岗岩稀少的大西洋深海海底，人们居然发现了许多体积巨大的玻璃，这真是一件非常奇怪的事。

为了解开海底玻璃之谜，科学家们进行了多方面的分析和研究。他们首先确定，这些玻璃不可能是人工制造出来再扔到深海里去的，因为它们的体积如此之大，远非人力能为。

那么，是什么力量能在大洋海底制造出如此巨大的玻璃？最奇怪的是，这些玻璃竟然已经有千年的历史了。

关于这些玻璃的来历，有人认为，它们很可能是海底火山造成的。玻璃的化学成分主要是硅，天然纯净的硅又叫水晶。如果在海底地壳某处存在着大量的水晶，而此处又恰巧有火山活动，那么炙热的岩浆就会使这些水晶熔化，并将它们从地壳深处带至海底，含硅的岩浆遇冷便形成了天然的玻璃。

这些天然玻璃在以后的地壳活动和潮水搬运的作用下，逐渐远离火山口，直到被人们发现。

也有人认为，海底玻璃的形成，有可能是海底的玄武岩受到高压后，同海水中的某些物质发生了一种未知的化学作用，生成了某种胶凝体，经过长时间的演化，最终成为玻璃。

如果这种假设是真的，以后，我们的玻璃制造业将会产生巨大的改变。

现在我们制造一块最普通的玻璃，都需要1400～1500℃的高温，而熔化炉所用的耐火材料受到高温玻璃溶液的剧烈侵蚀后会产生有害气体，影响工人健康，假如能用高压代替高温，将会彻底改变这种状况。

出于这个设想，有些化学家把发现海底玻璃地区的深海底的玄武岩放在装有海水的容器里，加压至400个大气压力，结果却没有制造出玻璃。

现在，又有一种新的理论被提了出来：大西洋底部大面积的海底玻璃是月球撞击地球形成的。

我们知道，普通玻璃是用花岗岩风化而成的硅砂为原料，在高温下熔化，又经过成型、冷却等步骤制成的。然而，大西洋底部很难找到玻璃的原料——花岗岩，那么，这些大量的玻璃又是从哪里来的呢？它们会不会不是地球上的“原住民”，而是来自外星球的“访客”？持这种观点的科学家认为，月球撞击地球后，产生了高温高压，这使月球和地球的接触面瞬间熔化了，这些熔液中含有玻璃的原料。而当月球离开地球之后，强大的气流袭来，温度也骤然降低，这些被熔化的液体迅速凝结成了固体，就形成了大面积的玻璃状结构的岩石。

可是，这种说法也不是无懈可击的。这只是作为一种假设提出的，并没有确凿的证据来证明。

那么，奇怪的海底玻璃到底是怎样形成的呢？迄今为止，这仍然是一个未能解开的难题。

隐藏在天池中的水怪

自古以来，风景优美的长白山天池一直充满了神秘的色彩，尤其以“天池水怪”而闻名全国。

“天池水怪”这一不明生物频频出现，从清末史志到近年来的目击者，相关记录层出不穷。

有人说天池水怪像蛇颈龙，有的说像水獭，有的则说是鱼……甚至还有不少人直接拍到了“天池水怪”的照片和视频。

难道，美丽的天池中真的有“水怪”生存吗？长白山天池是火山喷发后形成的火口湖，平均水深可达204米，蓄水量达20亿立方米，是中国最大、最深的火山口湖。从环境条件来看，这里很有可能有不明生物隐藏在其中。

幽深的长白山天池充满神秘，不知道什么时候“水怪”能够现身。

根据拍摄到的照片和视频来看，由于拍摄人的地点都在天池周围的山峰上，距离水面最少也有上千米，加上发现“怪兽”时，其身体的大部分都隐藏在水下，所以拍到的图像不是一个锅盖形的背部，就是模糊的黑点或褐点，很难看清楚它的具体模样。

有人说，长白山天池是我国与朝鲜的界湖，很有可能是邻国的船舶经过，因为距离较远，人们无法用肉眼辨别清楚，从而产生了误解。

而且根据资料显示，确实有类似的情况出现：当目击者发现在水中快速游动的物体时，迅速用高倍摄像头拍摄，经过分析后发现，那原来是邻国的一艘载人快艇。这么说来，传说中的怪兽会不会只是路过的船只呢？然而，不断有目击者说，曾经见过怪兽从水中跳跃出来。根据他们的描述，怪兽在水中蹿上来又沉下去，就像海豹戏水一般，给人的第一感觉是鱼在跳跃，但外形跟鱼并不像。

说到怪兽像鱼一样跳跃，有动物学家认为，几十年前朝鲜曾经在长白山天池中放养过鳟鱼。这些鳟鱼经过历代的繁衍，体形非常巨大。根据2000年朝鲜科研人员捞出的“天池鳟鱼”来看，它们的体长约85厘米，重量为7.7千克，而且，估计天池深处还有更大的鳟鱼。

可是，根据照片和视频，天池水怪的体形跟鳟鱼并不相像。于是又有人猜测，游客目击怪兽事件多发生在夏季，长白山周围野生动物众多，会不会是周围的野兽下湖戏水而被误认为是“水怪”？

紧接着，这一猜测也被推翻。因为长白山天池夏季的最高水温仅为11℃，在这么低水温的情况下，黑熊一类的大型野生动物最多只是在近岸处活动，而不会游那么远，到湖中心戏水。

很多游客声称，他们看到的“天池水怪”跟传说中的蛇颈龙非常相似。那么，天池水怪会不会是侥幸存活的恐龙或其他远古生物呢？

可是，地质学家很快否定了这一说法，因为天池是火山喷发湖，是一千多年前形成的，最近的一次喷发距今只有300年。在这种情况下，即使有这类大型动物存在，即使不被火山岩浆烧死，也会被饿死。而且，蛇颈龙之类的爬行动物早在6500万年前就已灭绝，即使它能侥幸存活，也不会在形成期只有一千多年的天池中活到现在。

此外，科学界还有一种“辐射变异说”。这种学说认为，天池水怪是受到辐射污染而变异的畸形鱼类。因为长白山天池是一个火山口，必然会产生大量辐射，这种辐射可能造成生物的变异。但是，另外一些科学家反驳了这一观点。辐射一般都对身体有很大的危害，如果出现强烈的辐射，生物一般会死亡，而不会像科幻片描述的怪兽一样，一下子长得巨大无比。

看来，在很长一段时间内，天池水怪仍然是个谜。

这种种说法都有自己的道理，但没有一种可以解释所有的“水怪”现象。那么，长白山天池中的“水怪”是真实存在的，还是人们的错觉？有没有什么方法能够清楚地拍到“水怪”的踪影？长白山天池中，还有什么是我们所不知道的？这些谜题，都有待我们去一一解开。

MYSTERIOUS

3 CHAPTER 生物王国的惊人秘闻

无论陆地还是海洋，奇异的动物和植物层出不穷。这些诡异的生物不断地挑战着人们的认知极限。运用“以柔克刚”的绝技捕杀动物的可怕花朵，能放出毒针杀死动物的奇异树木，表层奇臭无比、内核芳香扑鼻的海洋神秘漂浮物，可以“随心所欲”转换性别的“海洋明星”，捕食时进行大面积杀戮的“冷血杀手”……这些诡秘的生物遍布世界各地，有些谜题已经被人们解开，但有些仍然吸引着好奇的人们去不断探索。

植物血型之谜

我们都知道，人和动物都有血型。可是令人惊奇的是，植物竟然也跟我们一样，有不同的血型。

说来有趣，植物的血型竟然是一位姓山本的日本法医发现的。可以说，这个发现纯粹是一个偶然。

一天，一位日本妇女在自己的房子里死掉了。警察赶到现场，一时还无法确定是自杀还是他杀，便进行血迹化验。经过化验，死者的血型是O型，但枕头上的血迹却显示出微弱的AB型。

这是怎么回事呢？难道枕头上的血迹是凶手留下的？法医们根据血型，调查了好几个嫌疑人，结果却一无所获，而且找不到其他凶手作案的痕迹。

眼看案件陷入了僵局。

这时，有人随口说了一句："死者的枕头填充物是荞麦皮的，难道枕头上的血迹染上了荞麦皮的血型？"

这个说法一提出来，人们一片哗然：植物怎么能有血型？这种说法不是太荒谬了吗？！

植物也有自己的"血型"，这些"血型"其实来自植物的体液。

但行事一贯严谨的山本法医受到了启发，于是提取了荞麦皮进行化验，结果令大家大吃一惊：荞麦皮果真显示出微弱的AB型！

这件事很快引起了轰动。山本开始着手对植物血型进行研究，并在1984年宣布了“植物血型”这一发现。

山本先后对500多种植物的果实和种子进行了研究，结果发现了O型、B型、AB型的植物，却没有找到A型的植物。那么，植物血型到底是怎么来的？植物没有血液，又怎么会有血型呢？它跟人类的血型是一样的吗？

人类和动物的血型，是指血液中红细胞细胞膜表面分子结构的型别。而植物也有体液循环，植物的体液跟人类和动物的血液功能差不多，都担负着运输养料、排出废物的任务。所以，植物体液的细胞膜表面也有不同分子结构的型别，也就造成了植物不同的“血型”。

根据这个原理，所谓植物的“血”，并不是真正的血液，而是指植物的体液——营养液。我们常说的“植物血型”只是一种约定俗成的叫法，严谨地来说，它应该被叫做“植物体液类型”。

那么，这种血型物质具体是怎么形成的？植物的血型对植物本身有什么意义？植物血型对植物的生理和遗传方面又有何种影响呢？要回答这些问题，须找到一个研究突破口。

根据研究结果，许多植物在萌发期并没有表现出明显的血型，但在成长期却可以检验出血型。这会不会是解开植物血型的一个突破口呢？

科学家通过实验证明，当植物体内的糖链合成达到一定长度时，它的顶端就会自动形成这种“血型物质”，紧接着，糖链的合成就停止了。这么看来，植物的血型物质是起一种信号作用的。

也有科学家认为，植物的血型物质具有贮藏能量的作用，而且这种物质的黏性非常大，也担负着保护植物的作用。

植物血型现在还是一个有待探索的领域。当未来的某一天，如果我们彻底解开了这个谜题，就能利用它进行植物的优化繁殖、增产，改善我们的生活。

植物的喜怒哀乐

人类拥有喜怒哀乐等各种感情，遇到不同的事情时，可以表现出不同的情绪反应。

最初，科学家认为只有人类才拥有喜怒哀乐这样的“高级情感”。后来，经过科学家的研究，发现动物也同样具有这样的情感；近年来，科学家们的研究证明，植物竟然也有类似喜怒哀乐的“感情”。

要说起真正研究植物“感情”的诱因，还是近年来的农业研究。我们能够看见植物有着丰富多彩的颜色。自然界中的各种植物披着五彩斑斓的外衣，可是，这些缤纷的色彩并不只是为了让自己变得美丽，而是作为一种选择光线的“视觉”，比如：番茄更倾向于吸收红色光；茄子等植物更倾向于吸收紫色光。农业科学家在实践中发现，用红色光照射农作物，可以增加植物中糖的含量；用蓝色光照射植物，可以使植物中的蛋白质含量增加。

时间一长，人们总结出不同植物对颜色的喜好。根据具体的生产需要，人们给不同植物盖上不同颜色的塑料薄膜，来促进它们生长，这样一来，农作物的产量果真大大增加了。

不仅对颜色如此，植物对不同的声音也能做出不同的反应。

科学家们研究发现，如果给成长中的植物播放优美的音乐，一段时间过后，它们的根系变得更强壮，叶绿素也比寻常环境下大大增多了。

而且，不同的植物对音乐的欣赏品味也不同。玉米和大豆喜欢“听”《蓝色狂想曲》，伴随着这首曲子，它们的发芽速度特别快。胡萝卜、甘蓝和马铃薯则更喜欢音乐家威尔第和瓦格纳的音乐；白菜和生菜等植物则偏爱莫扎特的音乐。

可是，有些植物听到不喜欢的音乐时，却会“宁死不从”，来表达自己的厌恶之情。比如玫瑰这种“高雅”的植物就非常不喜欢摇滚乐，当它听到摇滚乐后，花朵凋谢的速度会大大加快；而牵牛花性子更烈，在听到摇滚乐后不到一个月的时间内，有些花就会完全死亡。

不仅如此，植物还富有强烈的同情心和憎恶感。美国一个研究中心曾对植物做了一系列有针对性的情感实验。

第一个实验是“同情实验”。科学家拿来一只活的小虾，装进一个容器里，然后把植物叶片跟测试仪连接起来。当科学家把小虾从容器中缓缓倒入滚烫的开水锅中时，在一旁“目睹”这一惨剧的植物开始有所反应。当小虾就要被倒入开水锅时，测试仪上显示的植物“情感曲线”突然上升，就像被吓了一跳一样。这种反应跟人类悲痛时的表现非常相似。

第二个实验是“憎恶实验”。科学家把两株植物放在一个房间里，然后让六个人进入房间，其中一个人把一株植物掐断了。随后，六个人都离开了房间。这时，研究人员把没有“被害”的植物叶片跟测试仪连接了起来，然后让六个人分别在不同的时间进入房间。结果，当那五个没有掐断植物的人分别进入房间的时候，没有“被害”的植物其“情感曲线”平静如常；而当掐断植物的那个人在房间中出现时，植物的“情感曲线”立刻出现了大波动，跟人发怒时几乎一模一样。

难道植物真的跟人一样拥有各种情感？很多科学家认为，植物没有中枢神经，不可能有跟人类一样的情感；也有人认为，植物的体液和循环系统可以充当传递情绪的工具。但是，无论是哪种说法，都无法拿出确切的证据来论证自己的观点。看来，植物的“喜怒哀乐”还有待我们进一步研究，一旦取得突破，必将有益于生产、生活。

“烧不死”的奇异植物

一点星星之火在森林中燃起，火势迅速开始蔓延，很快波及了整片森林的树木，森林在大火中渐渐化为灰烬……我们仿佛能听到死在大火中的植物发出了垂死的呻吟声……

可是，这个世界上却有一些不怕火的植物，它们无惧于烈火的威胁，甚至可以屡烧不死。

有一次，在我国东北部的一个林区中忽然冒起了浓烟，林区的工作人员根据经验判断，一定是哪里着火了。于是，他们立即拨打了火险电话。几分钟后，消防员赶到现场。

当时正值天气干燥的秋季，林区中的树木一点就着，火势迅速蔓延，而且越烧越旺。由于火势蔓延得太快，消防人员经过二十多个小时的扑救，才最终把火完全扑灭。这时，林区已经被烧了一大半。

随后，林区的工作人员开始了现场清理工作。一场大火，把林区里的许多珍稀树种都烧成了灰烬，许多树木都烧得只剩下枯干。然而，在这场大火中，有一种树却奇迹般地幸存了下来，它就是落叶松。

在林区巡视的工作人员发现，虽然林中大多数落叶松的表皮已经被烤煳，但是，里面的组织却丝毫没有损坏。换句话说，这些落叶松还是活的，并没有被烧死，可以继续生长。

芦荟因植株的含水量非常大，故也属于“烧不死”的植物之一。

这到底是怎么回事呢？这场无情的大火几乎毁掉了大半个林区，可是为什么落叶松能幸存了下来？林区工作人员对此百思不得其解。

其实，在我国粤西山

区，大火过后也发现了没有被烧死的植物，这种植物叫作木荷树。

当时，粤西山区的一个林区遭遇了大火的摧残，林区里的树木基本上都被大火吞噬。

然而，让人们意想不到的是，当大火烧到一小片木荷树树林的时候，火势突然没有那么猛烈了，蔓延的速度也逐渐减慢。消防人员正是利用了这一有利时机，在林区工作人员的配合下成功扑灭了大火。事后，工作人员发现，这些木荷树竟然没有什么损伤。

这些不怕火烧的树木着实让人称奇，而且，这些神奇的植物不仅我国有，外国也有。

美国林业部门的一位专家在一场罕见的森林大火之后，曾经发表了一篇文章。他在文章中指出，通过对火灾后树木燃烧情况的仔细调查后发现，火灾现场的大部分常春藤并没有被烧死，它们只是表皮被烧焦。他由此猜测，这些常春藤可能具有防火的能力。

有人还因此提出一个设想：如果将常春藤排成行种植在森林的周围，也许就能成为“防火林”。

在非洲的安哥拉，也生长着一种不怕火烧的树，名叫梓柯。

当地人发现，当发生火灾时，梓柯一般都能安然无恙。不仅如此，当火苗烧到梓柯时，梓柯会从体内喷出一种液体，竟然能够把火灭掉！

可是，这种“特异功能”是怎么来的呢？经过长时间的调查和研究，植物专家得出了一些结论。

原来，植物不怕火的原因各不相同。

有些植物之所以不怕火烧，是因为它们有独特的树皮。拿落叶松来说，它那挺拔的树干外面包裹着一层几乎不含树脂的粗皮。这层厚厚的树皮很难烧透，大火只能把它的表皮烤煳，而里面的组织却不会被破坏。在美国发现的那些常春藤不怕火烧，也是由于有树皮的保护。

有些植物不怕烧，是因为它的树叶具有防火性，木荷树就是这类植物。它的树叶含水量高达45%，在烈火的烧烤下焦而不燃。而且它的叶片浓密，覆盖面积特别大，再加上树下又没有杂草滋生，这样既能阻止树冠上部着火蔓延，又能防止地面火焰的延伸。

还有一些像梓柯这样的植物，它们不怕火烧的秘密就在于它们有一种“秘密武器”。

梓柯的树枝间长着许多节苞，这些节苞长得就像馒头一样。可别小看了这些节苞，它里面储满液体，一旦遇到闪耀的火光，这种液体就会立即从节苞众多的小孔中喷出。研究人员发现，这种液体中含有灭火能力很强的四氯化碳，这也是梓柯不仅不怕火烧还能灭火的原因。

当然，除了以上几种植物之外，大自然中还有许多不怕火的植物，如芦荟、红杉。对于它们不怕火的原因，对其中的一部分，专家做出了明确的解释；而其他一部分还在进一步的研究当中。

虽然这些植物“烧不死”的秘密并未完全揭开，但有一点可以确定，这些植物不怕火的特点是在漫长的进化过程中逐渐形成的，这是一种自我保护能力的体现。

血腥的美丽陷阱

我们都知道，像老虎、狼等凶猛的动物有时候攻击人类，甚至把人吃掉。可是，你听说过植物也会吃人的说法吗？

有关吃人植物的最早传闻来源于19世纪后半叶的一些探险家们。

当时，一位德国探险家描述了自己的恐怖经历：“在非洲的马达加斯加岛上，有一种树被人称为‘神树’。这种树看上去很像高大的菠萝树，但它的躯干上长着蛇状的枝条。当地的人们都说这种树可以‘吃人’。当时，有一位土著妇女违反了部族的戒律，被人们驱赶着爬到了这种树上，结果这种树上带有硬刺的叶子把她紧紧地包裹起来，妇女的喊声也慢慢弱了下去。几天后，树叶重新打开，落下了一堆白骨。”

奇特的猪笼草能够用“小笼子”捕捉蚊虫并把它们吃掉。

从此以后，“吃人树”的传闻就四下传开了。后来，又不断有报道说，在亚洲和南美洲的原始森林中都发现了类似的吃人植物。

传闻中，这些植物都有着奇特美丽的外表，吸引好奇心重的人们靠近观看。它们一旦发觉有人靠近，就会用枝条或花瓣紧紧地把人包裹起来，然后放出汁液，把人“吃”掉。

那么，这种恐怖的植物真的存在吗？如果真的有，我们又怎么辨别出这种美丽的陷阱？

许多植物学家们对吃人植物的存在表示怀疑。1971年，一批南美洲科学家组织了一支探险队，专程来到马达加斯加岛考察。

可是结果令人失望，他们在流传吃人树传闻的地区进行了广泛搜索，却并没发现这种可怕的植物。

但是，他们发现当地有一些奇特的植物倒是具有食肉的特性，比如可以捕捉昆虫的猪笼草，能用螫毛刺痛人的荨麻类植物。

所以，很多植物学家认为，“吃人树”只是一个谣传，世界上并不存在能够吃人的植物。

那么，为什么会出现吃人植物的说法呢？

英国植物学家艾得里安·斯莱克在食肉植物研究领域有很深的造诣，他认为，之所以有吃人植物的传闻出现，是因为人们根据食肉植物捕捉昆虫的特性，经过了自己的想象和夸张，编造出了绘声绘色的植物吃人故事。

当然，也有可能是一些年代久远的传说，经过人们以讹传讹，最终演化成“吃人树”的故事。

那么，既然“吃人树”的传说与食肉植物有关，这种神秘的食肉植物又是怎么一回事呢？

经过科学家的多年研究，证实地球上确确实实存在着一类独特的食肉植物。它们在世界各地都有分布，种类多达500多种。这一大家族中，最著名的要数瓶子草、猪笼草和捕捉水下昆虫的狸藻了。

这些植物一般长相奇特，最独特的地方要数它们的叶子了。它们的叶子有的像瓶子，有的像小口袋或蚌壳，可以牢牢地把昆虫困在里面。也有的叶子上长满了腺毛，可以分泌出各种酶，消化被捉到的虫子。

一般来说，这些植物通常捕食蚊蝇一类的小虫，但偶尔也能“吃”掉蜻蜓一类体形较大的昆虫。

那么，为什么生性温和的植物却变得如此凶残呢？

原来，这些食肉植物生长的地区大都经常被雨水冲刷，或者土壤缺少矿物质。这些地区的土壤呈酸性，缺乏氮素养料，导致植物体内氮素供给不足。而在动物的体内，氮素却很充足。为了补充体内的氮，天长日久，某些植物的根部渐渐退化了，而叶子经过漫长的演化过程，具有了能吃动物的功能。

那么，既然有食肉植物的存在，而且世界上还有那么多未被人开发的丛林，会不会在地球上的某个角落，确实存在着能够“吃人”的植物呢？或许在不久的未来，人们会从中揭开“吃人树”的神秘面纱。

长脚的仙人掌

人类可以在大地上自由行走，动物也能在大地上自由奔跑。“走路”这一特点，对人类和动物来说都不足为奇。但是，植物界中的一些成员，竟然也长了“脚”，能够“走来走去”。

有些植物可以随心所欲地爬来爬去，把自己的肢体随便伸展到任何可以触及的地方。

葡萄是我们常见的一种植物，它的藤蔓上常常有着弯曲的卷须，姿态非常优美。可是这种卷须并不仅仅是“花瓶”，它能够“探测”到周围可以攀援的物体，紧紧抓住它们，向四处延伸，越长越繁茂。

丝瓜也是一种类似的植物。如果没有支撑物，它只能长成很矮的一株，而且总是病恹恹的。一旦有架子之类的攀援物，它就会立刻变得生机勃勃，饶有兴趣地在上面爬来爬去，很快就布满了整个架子，长成一座翠绿的小塔。

最常见的攀援植物要数爬山虎了。许多教堂或老房子的墙壁上，经常整面墙上都遍布着翠绿的植物，远远看上去让人心旷神怡——这就是爬山虎。这种植物生命力非常旺盛，而且热爱攀爬。

究其原因，原来在它的叶子下长着小小的触须，可以紧紧地抓住粗糙的墙壁，人们拽都拽不下来。

可是，虽然葡萄、丝瓜都能到处游走，爬山虎也能漫游墙壁，但它们都不算严格意义上能走的植物。因为这些植物虽然可以到处攀爬，但它们的根仍然在原地，无法挪动半步。

而在南美沙漠上生长着一种奇特的仙人掌，才算是真正长“脚”能“走”的植物。

这种仙人掌跟葡萄、爬山虎不同，它不仅仅是伸展自己的枝叶，而且是连根带茎一起“行走”。

这就奇怪了，我们都知道，植物的养分是靠根部吸取的，一旦根部离开土地，植物也就很难存活了。俗语说的“斩草除根”就是这个道理。那么，这种仙人掌怎么能整株移动呢？

经过科学家的研究发现，这种仙人掌的根与一般植物的根不同，它是由一些软刺构成的，因此不会在沙土里扎得很深。

由于沙漠和戈壁上经常有很大的风，一旦大风刮起，这种仙人掌就会被吹得脱离了原来的生长地点，随风到处游走。

原来，这是仙人掌适应环境的一种办法。由于沙漠荒凉贫瘠，水分很少，导致仙人掌没有办法在一个地方长期生存。

为了觅取自身需要的水分和养料，它就会随风一步一步地移动，一旦遇到适宜生活的地方，就停下脚步，用它那些软刺构成的根“安营扎寨”，在这个地方继续生长。

我们不禁好奇：既然它游走时根部已经离开了土壤，又怎么能吸收养分和水分来维持生命呢？

其奥秘就在步行仙人掌的叶茎里。它的叶茎非常肥厚，储存着充足的水分和营养，而且这些水分和营养大部分都是从空气里吸收的，即使植株短时间内离开土壤也死不了。

看来，为了生存，植物们各出奇招，其招数真令人啧啧称奇。

会放“毒针”的树

蜜蜂和蝎子等动物能用自身带有的“毒针”蜇人，令人避之不及。其实，在植物界，也有一些能放“毒针”的厉害角色。它们看上去虽然跟普通植物没什么两样，但在人们碰到它的时候，却会猛地把人蜇一下。

在我国云南的西双版纳，有一种热带树木就是如此。在千奇百怪的热带植物中，其貌不扬，并不引人注意。

可是，一旦有人不小心碰到它，立刻就会被它的“毒针”蜇得火辣辣的，疼痛难忍。被蜇的地方有严重的烧痛感，并开始红肿起来，没多久就会起很多小水泡，至少要三天后才能消退。

让我们来看看这种恐怖的植物吧：它的植株并不高大，叶子聚生在枝条顶端，呈心形或者卵形，长大约为15~22厘米，宽大约为15~20厘米。仔细看看它的叶子，边缘带有不太明显的锯齿，叶子正面和背面都布满了灰白色的软毛和刺毛。叶柄大约有5~15厘米长，比较粗壮，也长有软毛和刺毛。

原来，这些其貌不扬

荨麻科的植物，茎叶上生有细小的刺毛，能刺破人的皮肤，并放出毒素，令人疼痛难忍。

的小毛毛就是能蜇人的“毒针”。

那么，这种植物究竟为什么会长出这种“毒针”呢？这种“毒针”又是怎么蜇人的呢？

经过研究，科学家们得知，这种植物叫火麻树，属于荨麻科。这种树跟其他荨麻植物一样，具有独特的刺毛，这种刺毛是其他高等植物所没有的，它们具有保护自己的功能。

火麻树的刺毛末端是一种带刺的薄壁球状细胞，这种细胞由单细胞的毛管和多细胞的毛枕组成。毛管壁硬又脆，受到刺激就会爆裂，硬脆的、粗糙的末端能迅速刺入皮肤。而毛枕能分泌刺激物，一旦毛管破裂，毒液也随之注入皮肤，引起刺激性皮炎，从而使人产生严重烧痛、瘙痒、红肿等症状。

经过分析，人们发现火麻树分泌的这种刺激物毒液成分很复杂，不但含有一种特殊的酵素，还含有蚁酸、醋酸、酪酸以及含氮的酸性物质。在这些酸性物质的作用下，受伤的皮肤感到灼痛也就不奇怪了。

看来，火麻树的“毒针”果真名副其实，它给人类皮肤造成的伤害，既有机械损伤，也有化学损伤。

其实，不止火麻树具有这种令人生畏的“毒针”，几乎所有的荨麻科植物都能长出这样的刺毛。

在荨麻科植物中，比较著名的有毒植物有荨麻属、树火麻属和蝎子草属，这几类植物都具有跟火麻树同样的刺毛。荨麻植物的刺毛毒性很强，在《越南植物志》上，甚至还有荨麻植物刺死小孩的记载。

这种植物如此可怕，难道就一无是处了吗？其实不然。中国古语说“以毒攻毒”，同样，有毒的荨麻有驱虫的功效，其中全缘叶火麻树在中草药中有“天下无敌手”的药名，可以用来驱蛔虫。

而且，虽然荨麻科长有刺毛，但它们的茎皮部分纤维却十分柔韧，是纺织和造纸的优良原料，在生活中用途非常广泛。

像上文中讲到的火麻树，还有改善环境的功效。它是荨麻科中稀有的乔木树种，根系非常发达，可以紧贴岩石，沿着石缝延伸。这种植物具有耐干、耐瘠薄的特性，生长比较快，树冠覆盖的面积也比较大，对保持水土、改善环境都有着重要作用。看来，“毒针”植物也有善良的一面。

穿“防弹衣”的神木

你听说过炮弹打不穿的树吗？在俄罗斯西部沃罗涅日市郊外，就生长着这样一种神奇的树——刺橡树。

20世纪70年代，苏联林业学家谢尔盖·尼古拉维奇·戈尔申博士偶然听说沃罗涅日市的刺橡树不怕子弹，对此非常感兴趣。于是，谢尔盖博士专程来到了沃罗涅日市郊外，搜集了一些刺橡木的样本。回来后，谢尔盖博士专门用这些样本做了一个试验。他在野地里建造了一个很大的靶场，靶场中央竖起2000多个用刺橡木做成的靶子。他对着靶子射出几万发子弹，结果发现只有少数子弹穿透了靶子，绝大多数子弹都被靶子弹了回来。这个实验结果让谢尔盖博士非常惊奇，刺橡木竟然真的不怕子弹，这到底是怎么回事呢？

其实，刺橡木不怕炮弹的记载自古就有。早在300多年前的亚速海战中，用这种树做成的船，就以能抵挡住炮弹的进攻而闻名，当时的人们把刺橡木尊称为“神木”。

公元1696年，沙皇俄国为了攻占亚速城堡，在亚速海上与土耳其人展开激战。

战争刚一开始，海面上就炮声隆隆，杀声震天。俄国的彼得大帝亲自率领俄军舰队向土耳其的海上军舰发起猛烈进攻。只见亚速海面上硝烟滚滚、火光冲天。在这场战争中，双方都使用了重型大炮，隆隆的炮声中，一艘艘战舰纷纷中弹，沉入了海底。虽然土耳其的军舰装备精良，实力雄厚，但是俄国的士兵在彼得大帝的亲自指挥下，个个奋勇争先，没过多久，俄国舰队就占据了优势。

土耳其的舰队渐渐支撑不住了。

这时，土耳其海军准备逃跑，于是他们集中了所有的火力，向彼得大帝所在的战舰发起

1695年，彼得大帝下令用一年的时间建造一批坚固的海军战舰。1696年，他率军驾驶这些战舰出征亚速海。令他大呼幸运的是，正是这些战舰，替他抵挡住了土耳其人的炮弹袭击。

了最后的攻击。炮弹像雨点一样向彼得大帝的战舰飞来，有的落在了甲板上，有的直接打中了用以悬挂信号旗、支持观测台的船桅。正当彼得大帝战舰上的士兵惊慌失措的时候，只见这些炮弹刚碰到船体就被反弹了回去，纷纷掉进了海里，而且，被打中的桅杆竟然一点都没有受损。

看到这样的情景，土耳其士兵吓得目瞪口呆。在他们还没有反应过来的时候，俄国的舰队就排山倒海般冲过来，已经毫无抵抗能力的土耳其士兵不得不投降。这些炮弹打不穿的战舰，挽救了陷入困境的彼得大帝。战争结束后，俄国士兵们对于这些能够经受住炮弹袭击的战舰非常好奇。这些战舰怎么能“炮弹不入”呢？

据说，这些战舰都是用沃罗涅日的“神木”做成的。这种“神木”是一种带刺的橡树，木材的剖面呈紫色。但是，当时的人们无法解释这些“神木”为什么不怕炮弹的攻击。后来，人们还发现，这些不起眼的刺橡树木质坚硬似铁，不怕海水泡，不怕烈火烧，加工起来也特别费劲。

亚速海战以后，俄国海军打开了通向黑海的大门。彼得大帝把这种神奇的刺橡树封为“俄罗斯国宝”，还专门派兵日夜守卫刺橡树森林。

由此可见，这种刺橡树的神奇本领很早就被人发现了，而谢尔盖博士的试验，又进一步验证了这一点。为了找到这种刺橡树不怕子弹的真正原因，谢尔盖博士提取了靶子上的一些木纤维，放在显微镜下进行仔细的观察。结果发现，在这些木纤维的外面，全都包裹着一层半透明的胶质。据谢尔盖博士判断，这些胶质应该是木纤维的表皮细胞分泌出来的。

而且，他还发现，这些胶质遇到空气就会立即变硬，它的硬度足可以充当一层起防护作用的硬甲。

这么硬的胶质是由什么成分构成的呢？通过仪器的分析，谢尔盖博士得出了结论，这些胶质里含有铜、铬、钴离子以及一些氯化物等成分，正是由于这些物质的存在，才使得这种刺橡树坚硬如铁，不怕子弹。此外，谢尔盖博士还通过试验证实，这种刺橡树确实像以前俄国士兵说的那样，具有耐火和耐水的特性。

他用刺橡树的木头做成了一个大水池，水池的接合部分用特种胶水黏合。池子内灌满海水，并把各种形状的刺橡树小木块丢进去，然后将池子封闭上。三年后，谢尔盖博士打开密封的水池，取出了小木块。他惊奇地发现，池子里的木块完好无损，一块也没腐烂变形。这说明，它的确不怕海水腐蚀。谢尔盖博士认为，是木纤维中的硬胶质起了防水的作用。

后来，谢尔盖博士又做了一个试验。他把一个用刺橡树的木头制成的房屋模型投入了温度高达300℃的炉膛中。一个小时以后，他打开炉膛，模型竟然没有任何损坏。谢尔盖博士立即对这个模型进行化验，结果表明，刺橡树分泌的胶质在高温下能生成一层防火层，并分解成一种不会燃烧的气体，它能抑制氧气的助燃作用，使火焰慢慢熄灭。

至此，“神木”的秘密终于被揭开，它的“特异功能”源自于表面分泌的胶质。对于这些胶质的化学成分，科学家还不得而知。希望不久的将来，人们就可以开发出这些胶质的价值，让它为人类也打造一身“防弹衣”。

弑夫黑寡妇

在热带和温带地区，生活着一种可怕的生物，它虽然个头不大，却有着剧毒，富有强烈的攻击性——这就是黑寡妇蜘蛛。

这种蜘蛛身体是黑色的，腹部有红色斑点，身长可以达到2~8厘米。它常常趁人不备就叮咬上一口，被叮咬的人在数小时之内就会出现恶心、剧烈疼痛和僵木等症状，严重的还会出现肌肉痉挛、腹痛、发热甚至吞咽困难、呼吸困难等症状。

轻度中毒者经过一两天的医治后可以出院，重症者就算住院，也可能出现生命危险。

这种蜘蛛不仅对人很残忍，对配偶也是毫不留情。

在动物世界里，交配是一件大事情。而最悲壮的交配应该是跟雌性黑寡妇蜘蛛的交配了。

一到繁殖的年龄，雄蛛就开始四处寻找自己的“爱人”。但是它并不知道，自己面临的是一个美丽的陷阱。

当雄蛛找到自己的伴侣时，它小心翼翼地观察着雌性黑寡妇，暂时不敢轻举妄动。黑寡妇十分挑剔，它轻蔑地瞟了一眼畏首畏尾的雄蛛，依然不动声色。

当雄蛛做好了充分的心理准备后，就开始了“爱的冲刺”。可是，悲惨的一幕发生了！黑寡妇并不喜欢这只不识趣的雄蛛，回头就是一口——这只可怜的雄蛛就成了雌蛛的腹中美餐。

在蜘蛛的世界中，雌性的体形远远大于雄性。对于人类和其他动物来说，高大的雄性往往容易俘获雌性的芳心。但是奇怪的是，在蜘蛛的世界里恰恰相反——个头越小的雄蛛反而越受黑寡妇的欢迎。

这种奇怪的现象是怎么出现的呢？这还得从雌蛛身上去找原因。

当雄蛛想和雌蛛交配时，首先要向雌蛛的栖息地进发。这个过程中，它会遇到种种天敌，个头较大的雄蛛容易被天敌发现并捕杀；而个头较小的雄蛛往往能比较容易地到达雌蛛身边。

而且，个头较小的雄蛛能迅速爬上雌蛛巨大的身体，不至于让雌蛛失去耐心。雄蛛的运动速度和体形成反比，个头较小的雄蛛有较快的奔跑速度，这样就有机会逃过雌蛛的血盆大口。

雌性黑寡妇遇到心仪的雄蛛时，就会顺利地与其完成交配。但对雄蛛来说，死亡的阴影并未散去。一旦交配完成，如果雌蛛非常饥饿，雄蛛依然难逃厄运，会成为雌蛛的美餐。

那么，雌蛛为什么喜欢吃雄蛛呢？原来，雌蛛在交配过程中要消耗大量的体力，而且在孵卵过程中也需要大量的能量。而雄蛛无疑是最容易捕获的、营养也最丰富的食物，因此就难逃过被“妻子”吃掉的厄运了。

但是事无绝对，有些雄蛛也能从这种美丽陷阱中逃出来。那些体形较小的雄蛛极为敏捷，一旦交配完成，它们就迅速地离开雌蛛那硕大的身体，避免成为雌蛛“营养餐”的命运。

当然，如果雌蛛交配前吃得非常饱，也许会网开一面放过自己的“丈夫”，但这种概率可以说是比较小的。

虽然绝大部分雄蛛都会惨遭雌蛛的“毒手”，但繁殖后代的本能还是让雄蛛们前赴后继。也正是因为如此，黑寡妇蜘蛛这个种类才繁衍至今。

奇异的断肢再生功能

许多残疾人遭受着断肢、断指的折磨，这种病痛给他们带来了身体上的不适、行动的不便等问题。我们不禁要想，如果被损害的肢体能自动长出来，该是多么好的一件事呀！

这种令人类梦寐以求的功能，其实在动物界中很常见。很多动物在历代的进化中具备了“绝技”，可以在遇到危险时，瞬间舍弃自己的一部分身体，掩护自己逃生；而用不了多久，它们的肢体又能自动长出来。

具有断肢再生功能的动物中，最著名的要数壁虎了。当它遇到强敌或被敌人咬住时，往往挣扎一番后，就自动把尾巴丢掉。而那条离开身体的尾巴还在不停地抖动着，敌人往往被迷惑，去追逐那根早已没了生命的尾巴。壁虎自己趁着这个机会逃之夭夭。过不了多久，壁虎又能长出一条新的尾巴。

这种功能在生物学上叫做“自截”。“自截”现象可以在尾巴的任何部位发生。科学家经过研究发现，壁虎断尾并不是直接在两个尾椎骨之间分离，而是在同一椎体中部的特殊软骨横膈处断开。

壁虎在尾椎骨骨化过程中形成了这种特殊软骨膈，这里的细胞终生保持着胚胎组织的特性，可以不断分化。

当壁虎遇到危险时，尾部肌肉强烈收缩，此处就自动断开了，此后再生的尾巴中没有分截的尾椎骨，而是一根连续的骨棱。但是，如果遇到危险，它的尾巴还是具有断掉和再生的功能。

陆地上的动物如此，许多海洋中的动物也有这种奇异的功能，章鱼就是其中的一种。章鱼有8条长长的、结实的触手，每个触手上都有吸盘。这些触手是它用来探查周围世界、进攻和御敌的武器。

章鱼最喜欢躲在一个洞里，把长长的触手伸出来捕食螃蟹和鱼。如果它的触手不幸被敌人咬住不放，章鱼就会突然来个“分身术”，在肌肉的强烈收缩作用下触手自动断下来。

跟壁虎的断尾一样，断下来的触手还会剧烈地扭动，就像活的一样。更令人吃惊的是，断掉的触手仍然有吸附力。当敌人被迷惑，扑向那只扭动的触手时，章鱼却趁机溜掉了。

章鱼有特殊的血管闭合功能，让断肢处不会出血，断掉的地方还会再生长出新的触手。新触手生长速度很快，在数十天的时间内就能达到原长度的三分之一，这不得不

公鹿的鹿角会自动脱落，脱落后长出新角。这种再生功能在哺乳动物中比较罕见。

令人惊叹。

同样，海星也会“分身逃生术”。当海星的腕足被敌人扼住时，它也会弃腕而逃。而且，不仅断掉的腕足能再生，腕内的各个器官同样可以再生。

只是，海星新长出来的腕足往往比原来的小，不能跟以前的完全一样。因此，我们常常能看见畸形的海星。

但它们还不算最厉害的“再生明星”，海绵的再生功能更为强大。

如果把海绵切成碎块，不但影响不了它的生命，反而能让它的每一块肢体都生长成一个新的个体，它们各自独立生活。

更令人吃惊的是，就算把海绵切碎、过筛，只要有良好的条件，它们也能组成小海绵个体，在短短几天的时间里成活。

由此看来，海绵可谓是肢体再生之王了。

这些动物的肢体能够再生，一般与它们是低等动物有关，因为低等动物的肢体分工不是特别明确，比较容易长出新的肢体。而作为高等哺乳动物的鹿，却也具有肢体再生功能，这就不能不让人惊奇了。

鹿茸是一种著名的药材，它是还没有骨化的公鹿角。奇怪的是，这种没有骨化的鹿角可以再生，一般每年生长一次，个别的鹿甚至还生有二茬茸。

科学家们经过研究发现，鹿茸再生是一个独立于神经分布之外的过程。在鹿茸的潜在发生区的骨膜细胞中，竟然有16个特殊斑点，角柄骨膜细胞是促使鹿茸再生的干细胞，具有在离体情况下自然分化和形成软骨组织的能力。

看来，神奇的动物断肢再生功能还有待我们进一步研究，如果获得富有实用性的研究成果，或许可以为人类的医疗作出大贡献。

非洲象爱吃岩石为哪般

在肯尼亚的艾尔刚山区，人们可以看到许多幽深的岩洞，其中有一个叫“基塔姆”的岩洞非常出名。在这个岩洞里，人们发现了一个秘密，来到这里的非洲象竟然有“吞食岩石”的嗜好。

基塔姆岩洞非常奇特，洞口是一条狭长的通道，这条通道一直通向一个阴森潮湿的大洞。

一直以来，人们都在研究基塔姆岩洞是怎么形成的，也正是在这一探究过程中，人们开始注意到那些成群结队地来到这里的非洲象。

一位在艾尔刚山区考察的动物学家惊奇地发现：每隔

一段时间，这里的非洲象都会在一头健壮的大象带领下，成群地走进基塔姆岩洞。它们往往会在岩洞里停留一段时间，然后又成群结队地走出洞外。这些非洲象为什么要进入基塔姆岩洞？它们在洞里做什么？

为了弄清楚这个问题，这位动物学家决定跟踪其中一群非洲象。在一天深夜，他悄悄地尾随着这群非洲象，走进了基塔姆岩洞。

进入岩洞之后，他发现这些非洲象正用长长的牙齿在洞壁上来回地挖。挖下一块岩石之后，非洲象就会把岩石吞进口中。

吃完之后，它们又开始继续挖岩石，继续吞食。

过了一会儿，这些非洲象好像是吃饱了，于是，那头为首的大象发出了一声“集合”信号，所有的大象都跟着它走出了岩洞。

在长达半年的跟踪调查过程中，这位动物学家发现，这些非洲象每月都要来基塔姆岩洞三四次，由于大象的这种活动一般都是在夜晚进行，过去没有引起人们的注意。

这位动物学家的这一重大发现，立即引起了学术界的巨大兴趣，许多专家和学者纷纷来到艾尔刚山区。

他们通过长年的调查也发现，每到干旱季节，这里的非洲象都会成群结队地进入诸如基塔姆这样的岩洞吞食岩石。

非洲象的这种行为，使动物学家感到非常疑惑，它们为什么这么喜欢吃岩石呢？它们能消化得了岩石吗？

一些动物学家在研究大象的粪便时发现，凡是吃过岩石的非洲象，它们的粪便中都含有许多碎石粒，有的碎石直径可达几厘米。由此可见，这些非洲象不是真的“吃”岩石，因为它们把大部分岩石都排了出来。既然它们消化不了这些岩石，为什么还要吞进肚子里呢？

可以看出，大象的肠胃把吞食下去的岩石都粉碎了。我们知道，鸡喜欢啄食砂粒，是为了帮助消化；难道大象吃岩石是为了帮助自己磨碎食物？

但是，大象的食物中并没有什么难消化的东西，而且其他地区的大象也没有吞食岩石的例子。因此，这个假设被推翻了。

于是，专家们把调查的重点放在了岩石上。经过化验，这些岩石中含有大量的盐分。

一般来说，大象以吃树叶、野果和野草等植物为主。而在艾尔刚山区，非洲象喜欢吃的植物中含盐分比较少。对于这里的非洲象来说，无论吃多少植物，都无法补充身体需要的盐分。

动物学家认为，非洲象正是通过吞食岩石的方法来补充盐分的。

根据调查显示，基塔姆岩洞的岩石中含有大量的钠盐成分，其含量是这个地区植物含盐量的100多倍。非洲象吞食了基塔姆岩洞的岩石后，它们的身体会自动吸收岩石中的盐分物质，然后再把岩石排泄出去。

这样，它们就可以补充身体中缺少的盐分了。特别是在干旱季节，身体庞大的非洲象会大量出汗、分泌唾液，身体中的盐分消耗也就特别大，因此，需要补充的盐分也就更多。

但是，人们又有一个疑问，大象重达数吨，形体异常笨重，并且生来就是近视眼，它们怎么能知道艾尔刚山区哪些岩石中含有丰富的盐分呢？

针对这一问题，动物学家解释说，其实大象并不像人们想象中的那样笨，相反它们还很聪明，智力水平并不低。非洲象的鼻端有两根指状物，布满神经末梢，感觉特别灵敏，它们甚至可以“触地拾针”。

因此，非洲象可以运用鼻子所特有的嗅觉能力，十分准确地试探出岩石中含有什么样的矿物质，从而找到它们体内所需要的盐分物质。

至此，非洲象“爱吃岩石”的秘密总算被揭开了，这也让我们对非洲象神奇的寻找矿物质本领由衷地惊叹。动物世界的谜题数不胜数，还有更多的秘密等待着我们去一一发现呢。

海洋中的神秘救卫队

在海洋中有这么一支神秘的“救卫队”，遇到不幸落水的人们，它们就会用自己长长的喙部把人们推出水面，甚至直接推向浅水区。这支善良的“救卫队”就是海豚。“救卫队”这个头衔可不是人们杜撰的，有很多例子可以证明。

早在公元前5世纪，古希腊历史学家希罗多德就记载过一件海豚救人的奇事。一天，音乐家阿里昂乘船返回希腊的科林斯，当时他身上携带着大量的金钱。不幸的是，恶毒的水手们见钱起歹意，想谋财害命。

阿里昂觉得不妙，便暗暗下了宁死不屈的决心。打定主意后，他假意屈服，并祈求水手们："让我为大家演奏生平最后一曲吧！"

水手们同意了。音乐家刚一演奏完，就纵身跃入了大海。正当他命在旦夕之时，一条海豚游了过来，它把这位音乐家一直驮到了伯罗奔尼撒半岛。

这个故事已经流传了很久，但是，由于年代久远，很多人只把它当作一个传说来看，并不相信它的真实性。然而，在现代社会，关于海豚救人的报道频见报端，人们不得不改变了看法。

1949年，美国佛罗里达州的一位女士在《自然史》杂志上披露了自己的奇特经历：一次，她正在一个海水浴场游泳，突然被一股水下暗流卷了进去，只见一排排海浪汹涌地向她袭来。就在她将要支撑不住的时候，一条海豚飞快地游来，用喙部一下又一下地推着她的身子，一直把她

海豚喜欢跳跃，有时候还喜欢把同伴托出水面，有人认为，它们的"救人"行为跟这种行为一样属于一种本能。

推到了浅水中。

这位女士清醒后，以为刚才的事情只是自己在垂死状态中的幻觉，于是举目四望，想寻找自己的救命恩人。然而，海滩上和海水中都空无一人，离岸不远的浅水中只有一条海豚在嬉戏。

让人们把海豚叫做海上“救卫队”的原因还不止如此，甚至当遇到鲨鱼吃人时，海豚都会“见义勇为”。

1959年夏天，“里奥·阿泰罗”号客轮在加勒比海不幸爆炸，落水的乘客们在汹涌的海水中苦苦挣扎。不料，屋漏偏逢连阴雨，大群的鲨鱼突然游了来，把众人迅速包围了。

就在这千钧一发之际，突然天降神兵——一大群海豚出现了，它们向贪婪的鲨鱼猛扑过去，乘客们得以转危为安。

看来，海豚海上“救卫队”的美名果真名不虚传。过去的人们总是认为，海豚的这种行善行为是有神灵指引，它们是作为神灵的使者来保护人类的。随着科学的进步，人们不再相信这种迷信色彩浓厚的无稽之谈。

那么，如果从科学角度解释，海豚救人行为究竟是本能使然，还是受着思维的支配?

很多动物学家认为，这只不过是海豚的一种本能。

跟一般海洋生物不同，海豚是用肺呼吸的，虽然它们在游泳时可以潜入水中，但每隔一段时间，就要把头露出海面呼吸，否则就会窒息而死。所以，母海豚必须把刚出生的小海豚托出水面，帮助它呼吸。这种行为是海豚以及鲸类在长期的自然选择中形成的，是一种本能，一旦海豚遇到一个落水者，就会产生相应的推逐反应，客观上把人从险境中救出来。

这么说来，海豚的这种“救卫”行为是非常盲目的。在一个海洋公园里，有人发现，一条小海豚一出生就死掉了，但是它的母亲还在不断地把它推出水面。一些动物学家认为，凡是水中不积极运动的物体，都会引起海豚的注意和“救援”。曾经有人做过实验，把死海龟、旧气垫、救生圈、厚木板等物放在海豚面前漂过，海豚都会把它们推出水面。下面的这个事件最能证明这个观点。在1955年，美国加利福尼亚海洋水族馆里，有一条海豚好心“搭救”它的宿敌——一条长1.5米的年幼虎鲨。小海豚连续八天都在不断地把小虎鲨托出水面，结果这条可怜的小鲨鱼因为缺氧而命丧黄泉。

当然，也有不少科学家反驳了这种观点。他们认为，把海豚的救卫行为归结为动物的本能，未免是将事情简单化了。因为海豚的智商是非常高的，它们跟人类一样具有学习能力，其智商甚至比黑猩猩还略胜一筹，被称为“海中智叟”。而且，海豚在鲨鱼面前的表现可没这么善良，每次看到鲨鱼，海豚就会发起猛攻，这和面对人类时的“温柔”态度截然相反。因此，这些科学家认为，海豚救人是一种有意识的选择行为。

而且，在大多数情况下，海豚都是把人推向海边，而不是推向深水中。这么看来，海豚的救人行为确实像是经过思考的结果，而不仅仅是简单的本能。

虽然争执的双方各有自己的理由，但大家都拿不出有力的证据来支持自己的观点。看来，要解开海豚的救人之谜，还需要更深一步的研究。

狰狞的海中渔翁

渔翁垂钓时，一般都神态悠闲，泰然自若，让人觉得平和可亲。但是，海洋中有一种“渔翁”却不是如此。这种“渔翁”的相貌阴森丑陋，它一动不动地躲在阴暗处，趁游过的小鱼不备，就把它们一口吞入肚中。

这就是俗称“老头鱼”的鮟鱇鱼。这种鱼生活在温带的海底，长着胖胖的身体、大大的脑袋，脑袋上还有一对鼓出来的大眼睛，它那大大的嘴巴里长着两排坚硬的牙齿。这个“渔翁”的相貌可真是丑陋极了。不仅如此，它还会发出一种像老头一样的咳嗽声。

更奇特的是，它的头部前端长着一根长长的刺，就好像钓竿一样；在刺的前端，还有皮肤的褶皱伸了出去，看上去就像鱼饵，还发着亮亮的光。由上往下看，鮟鱇鱼的形状就像一个有柄的煎锅。

黑乎乎的鮟鱇鱼全身唯一的亮点，就是它头上的那盏小灯笼了。这盏灯笼发着优美的亮光，看上去跟鮟鱇鱼整个丑陋的身体特别不配。那么，这个小灯笼到底是干什么的呢？

看一看下面这幕场景，你就会明白了：漆黑的海底，一群鱼儿在自由自在地游着。突然，远方出现了一个亮亮的点，这个美丽的亮点还在不停地摇曳着。鱼儿们的好奇心被勾了起来：有亮光的地方有什么呢？会不会有好吃的食物？于是，几条鱼儿率先游了过去，想去一探究竟。

刚靠近那个亮亮的小灯，鱼儿们突然感到一股巨大的吸力，紧接着就发现自己置身于一个黑暗狭窄的空间里，还没搞清楚发生了什么，就命丧黄泉了。

原来，鱼儿们在不知不觉中已经被鮟鱇鱼吞到了肚子里。鮟鱇鱼头上的这个小灯笼就是引诱鱼儿的诱饵。

那么，鮟鱇鱼这种神奇的“垂钓”功能是怎么形成的呢？

生物学家解释说，在生物学界，这个小灯笼叫作拟饵。严格说来，小灯笼是由鮟鱇鱼的第一背鳍逐渐向上延伸形成的，看上去像一根长长的刺。

这根“刺”就像一根长长的钓竿一样，末端膨大，形成“诱饵”。而这个小灯笼发光的秘密，就在于“灯笼”内具有腺细胞，腺细胞可以分泌光素，光素在光素酶的催化作用下，与氧进行缓慢的氧化反应，从而发出了亮光。

在黑暗的深海中，很多鱼都有趋光性，鮟鱇鱼的这个小灯笼就成了引诱食物的有力武器。

当然，世间万物有利必有弊，鮟鱇鱼的“垂钓工具”有时也会给它自己带来一些麻烦。

鮟鱇鱼这个闪烁的灯笼不仅能为它引来食物，也可能引来凶猛的敌人。当一些凶猛的鱼类看到鮟鱇鱼发出的亮光时，就会迅速地游过来，想袭击它。

每当这个时候，鮟鱇鱼当然不敢跟它们正面作战，它会迅速把自己的“灯笼诱饵”塞到嘴巴里，海洋中霎时

鮟鱇鱼外表丑陋，通体颜色灰黑，只有头顶的“小鱼钩”散发着一点亮光。

就恢复了一片黑暗。于是，鮟鱇鱼趁着这个空当，赶紧转身逃跑。

这样一来，被鮟鱇鱼吸引来的凶猛大鱼，在这种突如其来的黑暗中也会无所适从，只好悻悻地离去。

可是，并不是所有的鱼都有这个小钓竿。原来，只有雌鮟鱇有这个小灯笼，雄鮟鱇就没有。一般来说，雌鮟鱇的体形较大，而雄鮟鱇只有它的六分之一大小。但是，一旦它们结为夫妇，雄鱼就会吸在雌鱼身上，终身一起生活。时间长了，有的雄鱼甚至跟雌鱼长在了一起。这么看来，我们以为的海上“渔翁”其实是“渔婆”，只不过它的外表蒙骗了大家的眼睛。

海中奇宝龙涎香

在汉代的中国，沿海的渔民出海打鱼时，偶尔会从海面上捞到一些灰白色的漂浮物。渔民们发现，这些东西呈蜡状，散发着沁人心脾的清香。

渐渐地，这种东西的名气大了起来，越来越多的人喜欢收藏它们。当地的一些官员，就收购了这种块状物，当做宝物献给皇上。宫廷里的人很喜欢这些东西，有的把它当作香料用，也有人把它当作药物。

可是，喜欢归喜欢，没人能说出这到底是什么宝物。人们只好请教当时宫中的“化学家”——炼丹术士，他们经过研究和讨论，认为这是海里的“龙”睡觉时流出来的口水，滴到海水中，渐渐凝固起来，经过天长日久，吸取了天地的精华而成。根据这种说法，大家给它起名为“龙涎香”。

当然，也有人说，虽然龙涎香的命名和流行是在汉代，但它的实际使用年代却早得多。早在殷商和周代，人们已将龙涎香、麝香与各种植物香料混合，做成香囊挂在身上或床头。

还有一种说法，早在公元前18世纪，在巴比伦、亚述和波斯的宗教仪式中用的香料中就有龙涎香。另外，古希伯来女人还把龙涎香、肉桂和安息香浸在油脂中混合后做成一种香油脂，作为芳香剂涂在身上。

在现代社会，这种神奇的香料吸引了越来越多的人的眼球。关于它的成因，人们也越来越感兴趣。显然，“龙的口水”一说并不符合科学道理。于是，人们便提出了很多猜测。

有人说，因为海中的龙涎香都是灰白色的，很可能是海底火山喷发形成的某种化合物；也有人说，这是海岛上的鸟粪飘入水中，经过长时间的风化和化学反应形成的；更有人说，这原本是蜂蜡，偶然落入海中后，经过长时间的漂浮生成的；还有人说，这是海中一种特殊的真菌。

渐渐地，龙涎香也引起了海洋生物学家的兴趣。经过长期的研究，他们认为这可能是某种巨大的海洋动物的肠道分泌物，至于这究竟是什么动物分泌的，却一直没人弄清楚。

真正发现龙涎香成因秘密的是沙特阿拉伯科特拉岛上的渔民。这个岛屿靠着海，附近的海域有很多抹香鲸，渔民主要以捕抹香鲸为生。

一次偶然的机会，一位老渔民剖开了一条抹香鲸的肠道，意外地在里面发现了一块龙涎香。大家都认为这是这头抹香鲸偶然从海面吞食的。

可是，当这一消息传到海洋生物学家的耳朵中时，却受到了他们的高度重视：这与他们的推测不谋而合。他们在此基础上进行了深入的研究，终于揭开了一直笼罩着龙涎香的神秘面纱。

原来，抹香鲸喜欢吞食大型软体动物。这些动物包括大乌贼和章鱼，它们口中长着坚韧的角质颚和舌齿，很不容易被抹香鲸的肠胃消化。天长日久，软体动物的颚和舌齿在抹香鲸的胃肠内积聚，刺激了肠道。肠道在长时间的刺激下，分泌出一种特殊的蜡状物，把这些残骸包裹起来，慢慢地就形成了龙涎香。

随着科技的发展，科学家曾经在一条18米长的抹香鲸的肠道中发现过肠液与异物的凝结块，他们认为这就是龙涎香最初始的形态。一般来说，有的抹香鲸会将龙涎香呕吐出来，有的则会把它从肠道排出体外，只有很小一部分抹香鲸会把龙涎香留在体内。

刚刚排入海中的龙涎香是浅黑色的，在海水的冲刷下，渐渐地变为灰色、浅灰色，最后变成白色。白色的龙涎香是经过数百年的海水浸泡，杂质才被全部漂出来，成为龙涎香中的上品。这种极品龙涎香的价格堪比黄金。谁都没想到，抹香鲸的一种自我防护措施，竟然能给人类带来如此芳香、贵重的礼物。

摔不死的黑猫

在古代，很多地方都把黑猫看成是不祥的东西。中世纪的欧洲人更是把黑猫看成女巫的宠物，给黑猫赋予了神秘、诡异的气质。

直到现在，“猫有九条命”的说法还在流传。这种说法认为，猫是修行多年的动物，每过十年，它就能长出一条尾巴，随着时间的消逝，它最终可以长九条尾巴。这样一来，它就有了九条命，每死一次，就断掉一条尾巴，直到最后一条尾巴消失，猫才会真正死去。

这种说法听上去非常恐怖，但也并不是毫无来由的。因为人们常常发现，猫就算从很高的地方摔下来，一般也摔不死，甚至没怎么受伤。它落地后，只是摇一摇尾巴，就若无其事地走开了。

一位纽约城的兽医曾经在自己的笔记中记载了这么一件事：一只叫塞布丽娜的猫，从32楼掉了下来，可是并没被摔死，只是断了几颗牙齿，受了点轻伤，经过治疗后并无大碍。

这不得不让人吃惊。要知道，如果人类和其他动物从这么高的地方掉下来，后果一定非常严重，就算受到缓冲侥幸逃过一死，也会落下高度残疾。那么，猫又是怎么幸免于难的呢？难道它真的有九条命？

答案是否定的，猫当然只有一条命，但是它确实拥有强大的抗摔能力。那这究竟是为什么呢？

经过科学家的研究发现，猫不怕摔的特点与它自身的平衡系统和完善的机体保护机制有关。

因为猫的体形比较小，体重比较轻，与其他大型动物相比，落到地上时受到的冲击力较小，因此生还的机会比较大。

但这并不是决定性的因素，虽然兔子和狗跟猫的体形差不多，但它们却都没有这种摔不死的能力。真正起决定性的因素，还是猫的平衡系统。

当猫从高空中落下时，开始一般是背部朝下，四脚朝天，可是在下落过程中，猫总是能迅速地转正身体，当快要落到地面时，前肢已经做好了着陆的准备。

可是，新的问题又来了。根据物理学上的动量矩守恒定理，如果猫的上身转动，下身必然要向相反的方向转动。那么，在这种力的作用下，它又怎么能做到180° 翻转呢？

原来，猫在落地的过程中，并不是一次性完成身体翻转的。它先是把前半身向左侧扭转，后半身同时向反方向做出轻微的扭转；然后，后半身向左侧扭转，这时前半身向右做出轻微的扭转；紧接着，前半身再次向左侧扭转，重复以上步骤。这样，因为前半身和后半身扭转的幅度不同，重复几个步骤后，猫就能够180° 转身了。

当猫翻转了身体后，就尽力伸展开自己的四肢，加大身体跟空气接触的面积，起到降落伞的作用；这时，它的尾巴也张开，保持身体的平衡。

快要落到地面时，它伸出四肢，用脚趾上厚实的脂肪质肉垫接触地面，大大减轻了地面对身体反冲的震动。而且，落地时猫的四肢是弯曲的，冲击力也就不会沿着骨骼直直地传播，而是会分散到肌肉和关节之间，也有效地避免了受伤。

我们免不了要问，虽然猫自身的平衡系统这么强大，可是它又是怎么判断什么时候调整身体的呢？

原来，猫的内耳中有一个器官，具有强大的平衡功能，它能迅速判断出身体的位置，帮助身体调整姿态，就像随身携带的陀螺仪。

更令人吃惊的是，一般来说，猫从较高的地方落下，死亡率比从较低的地方落下反而小。根据研究，从2~6层跌落的猫死亡率是10%，而从7~32层落下的猫死亡率只有5%。这又是为什么？

由于空气具有阻力，物体在下降过程中都会达到一个终止速度——即下降过程中最快的速度。一旦达到这个终止速度，猫就会稍微放松，伸展开四肢准备降落。在短程的降落中，在到达地面时，可能还没有达到终止速度，猫就来不及伸展开四肢，因此也就更容易受伤。

看来，并不只是神秘的黑猫才有“九条命”，所有的猫都是如此，正是因为具有了特殊的身体结构和平衡系统，猫才能在跌落时幸免于难。

神奇的鱼类变性现象

在海洋里，在一定条件下，有不少鱼类会发生神奇的自然变性现象，生物学家们把这种现象称为“性逆转”。

有一种红鲷鱼，总是由一条雄鱼带着一群雌鱼游动，这条雄鱼自然是这个群体中的首领。如果这条雄鱼不在了，那么在剩下的雌鱼中，身体最强壮的那条很快就会变成一条雄鱼，充当鱼群的新任首领。如果这条变了性的红鲷鱼又不在了，以上规则便再次重复。

有人特意做了这样一个试验：把一群雄红鲷鱼与一群雌红鲷鱼分别置于两个玻璃缸中，使它们能互相看到，那么，雌鱼群便不会发生变性现象；如果将两个玻璃缸用木板隔开，使它们看不到对方，那么用不了多久，雌鱼群中很快就会有一条雌鱼变为雄鱼。

海洋中还有一种鱼，脸上长着一两条白色条纹，像是京剧脸谱一样。这就是小丑鱼。小丑鱼的变性现象恰好与红鲷鱼相反。

小丑鱼的鱼群通常具有等级制度，它们的首领往往是

海葵鱼具有奇特的变性现象，一旦有一条雌海葵鱼死掉，海葵鱼群中最大的雄性就会变身雌性，取而代之。

雌鱼。如果最顶部的雌鱼死亡，它“手下”具有最高统治地位的雄鱼就会变成雌鱼，并取代“前女王”的地位。

印度洋和太平洋海域生活着一种海葵鱼，它们与海葵共生。跟每个海葵共同生活的海葵鱼中，只有两条是雌性的，其余的都是雄性幼海葵鱼。但是，只要有一条成年雌海葵鱼死亡或离开，幼海葵鱼中最大的那条雄性个体就会变成雌性，以取代原来那条雌鱼的地位。

鳝鱼从受精卵孵化成幼鳝，一直到长成成年鳝鱼，一般都是雌性。但当它们产卵之后，就会由雌性变为雄性。

更为奇特的是，生活在美国佛罗里达州和巴西沿海的蓝条石斑鱼，一天中可以多次变性。有一种金鳍锯鳃石鲈鱼，刚从卵中孵化出来时，全都是雌鱼，可在以后的生长过程中，一部分雌鱼却会发生变性，成为拥有各种颜色的雄鱼。

鱼类为什么会出现这种有趣的变性现象呢？

一般来说，能够发生性逆转的动物，体内既有雄性生殖器官又有雌性生殖器官。通常状况下，只有一种性别能表现出来，但在某种特定情况下，被抑制的另一个器官就被激发出来，鱼儿就显示出另一种性别。

根据研究，发生变性的鱼类主要有两种情况：一种是雌性先出现，即第一次性成熟时，鱼儿的生殖系统是雌性的卵巢，受到刺激后，转变为雄性的精巢，这种情况称为“首雌特征”；有的则是性成熟时为雄性，鱼儿具有精巢组织，然后再转变为雌性，这种情况称为“首雄特征”。

其实，从地理学和分类学的角度来说，生命周期中存在变性现象的动物非常多，包括鱼类、棘皮动物和甲壳类动物等。

那么，鱼儿为什么要变性呢？变性对它们个体或者整个族群来说，有什么特殊的意义吗？

有的学者认为，这是鱼类为了最大限度地繁殖后代而进化出的功能。也有人说，这是偶然受到异性刺激后发生的变异。但这些说法都没有得到广泛的认同。鱼儿变性究竟是为什么，还有待于今后进一步的研究和探讨。

可怕的嗜血蜘蛛

美国著名的动物学家波得教授曾与其助手坎坡斯来到亚马孙河流域茂密的丛林中探索未知的动物。

他们走到了一条岔路口，两人决定分头行动。分开后仅仅四五分钟，波得教授就听到了坎坡斯的大声呼救。

当波得教授赶到坎坡斯身边时，只见他的身体和四肢被许多粗丝紧紧缠住，看起来非常痛苦。定睛一看，一只巨大的蜘蛛正在吸取坎坡斯的血液。

身手敏捷的波得教授见状，马上掏出手枪，将这只巨大的蜘蛛击毙。待到坎坡斯平静下来，他们意识到这是一种从未见过的蜘蛛，于是捕捉了四五只，装在瓦罐中，准备带回去详细研究。

在返程途中，他们借住在一个村民家中。这家的小男孩听说他们带了一些奇怪的蜘蛛，产生了好奇心。

夜深人静时，小男孩偷偷打开瓦罐，想看个究竟，没想到一下子被蛛丝层层裹住。小男孩在惊慌中赶紧向家人大声呼救。但是，等其他人闻声赶来时却发现，小男孩全身的血都已经被蜘蛛吸光了。

一般来说，会织网的蜘蛛视力都不好，但嗜血蜘蛛所属的跳蛛科则不同，为了适应活跃的捕食方式，它们的眼睛具有很高的敏感度。

当然，这只是一个经过夸张的故事。但是，世界上确实存在喜欢吸食人血的蜘蛛。这种嗜血的蜘蛛学名叫卡里西沃拉猎蛛，经常出现在东非肯尼亚和乌干达境内的维多利亚湖周边。它们的觅食方式跟一般的蜘蛛不同：不是编织好一张网等待猎物的到来，而是凭借敏锐的视觉和灵敏的嗅觉主动出击。

而且，为了适应这种多变的生活方式，它们的眼睛已经高度进化，有极高的视觉清晰度。

这种蜘蛛喜欢人血，如果不能直接吸食人体血液，它们也会捕食刚吸食过人类血液的雌性蚊子。这着实令人吃惊，根据猎物的最后一餐来选择猎物，这应该是世界上绝无仅有的择食方式了吧！

科学家原本以为嗜血蜘蛛喜欢吃母蚊子，是因为刚吸食完人血的母蚊子体形比较大，飞行速度也更缓慢，所以容易被蜘蛛发现。

后来的实验却推翻了这一结论。

在两只个头一样的蚊子中，嗜血蜘蛛会选择吸饱了血的蚊子。而且面对不吸血的雄蚊子或者其他猎物时，嗜血蜘蛛的表现明显比较冷淡。

那么，嗜血蜘蛛为什么对人类的血液倍加青睐呢？

有的科学家从生物学的角度进行分析，认为嗜血蜘蛛之所以喜欢人类血液，是因为对它们来说，人类的血液更有营养，更好吸收。

嗜血蜘蛛很难直接食用固态食物，所以，它们在进食固态食物时，会将一种消化酶注射到食物上，将固态食物转化成为液态，然后再慢慢享用。

在这个过程中，它们需要消耗大量的体力和能量，而人类的血液富含营养，能够满足它们的需要。因此，人类的血液便成了它们的首选食物。

嗜血蜘蛛又是如何准确地捕捉雌性蚊子的呢？科学家们认为，蜘蛛是一种具有非凡化学感应能力的动物，它们能够通过灵敏的嗅觉，准确地探测到含有丰富人类血液的猎物。

不过，以上解释都还只是科学家们的推测，真正的原因还有待于科学家们进一步探索。

夜幕下的吸血鬼

世界上有许多关于吸血鬼的传说。这种恐怖的东西常常在夜深人静时袭击人们，它们一般化身成青年男子，在跟人类一般无二的外表伪装下，混入人群，趁人不备之时，用尖锐的牙齿咬开人的血管，饱餐一顿。

在科技发达的现代，大家当然知道吸血鬼的故事只是传说而已，并不真正存在。然而，生活在美洲热带地区的吸血蝙蝠，却让这些关于吸血鬼的传说变得更加恐怖，更加真实。

在当地有这样一种迷信的说法，认为这些吸血蝙蝠都是无恶不作的巫婆，夜间躲在僻静的角落，一有机会就飞到人和动物身上吸血。因此，当地居民都惊恐地称它们为“吸血鬼”。

2008年8月18日，《泰晤士报》报道了委内瑞拉一个经常被吸血蝙蝠袭击的地方。这是个叫瓦劳的偏远部落，人们频频遭到吸血蝙蝠的攻击。一年的时间里，共有38人被吸血蝙蝠咬后身亡，其中还包括几名儿童。

虽然经常有吸血蝙蝠袭击人类的事件发生，但像委内瑞拉这样大规模的“恐怖袭击”，还是第一次发生。这些可怕的家伙为何向人类发起猛击？难道真像当地传说的那样，这个部落受到了某种神秘诅咒？

这究竟是一起偶然事件，还是有什么玄机？吸血蝙蝠究竟是一种什么样的动物？带着这些问题，我们来详细地了解一下这种可怕的动物。

吸血蝙蝠鼻叶上有个热感器，可以探测到动物皮肤毛细血管最丰富的地方。选定位置后，吸血蝙蝠常常在这个位置待上几分钟，边闻边舔，悄悄地用长长的门齿把这个位置的毛咬掉。然后，它用尖利的牙齿在这里轻轻咬开一个小口，然后立刻缩回来，看一看被咬的动物或人有没有反应，如果发现对象没有觉察，就继续过来吸食血液。

更为恐怖的是，它们的唾液中含有一种奇特的化学物质，随着吸血的进行，这种物质流到伤口上，可以防止血液凝固，使吸血蝙蝠顺利地吃个饱。

就算吸血蝙蝠吃饱后离开，受害者伤口处的血液也不会凝固，有时候，血能流上八小时之久，受害者会因为失血过多而死，也有的动物被咬了很多次后昏厥甚至死掉。

吸血蝙蝠独特的口腔结构也为它吸血创造了有利条件。它的舌头下面和两侧都有沟，血流可以沿着沟流到咽喉。吸血时，它的舌头还可以伸出和慢慢地缩回，在口腔中形成了部分真空，帮助血液更快地流入口中。

它们每次吸血的时间大约为10分钟，最长可达40分钟。每次吸血，它们都会一直吸到肚子胀鼓鼓为止，而它们独特的胃和肾则能迅速除去血浆。许多吸血蝙蝠一边吸血一边排尿，这样，一顿饱餐后，它也能顺利起飞。

吸血蝙蝠经常在夜里出动。它们选择熟睡的动物，在动物的颈部或者耳朵边轻轻咬开一个小口，就开始享用自己的大餐。

通常，它们一次大约可以吸血50克，有时甚至可以吸血200克，相当于自身体重的2倍。有人曾经估计，一只吸血蝙蝠一生所吸的血多达100升。

吸血蝙蝠的谋生手段还不仅如此。在被发现后，它们快速的奔跑能力能帮助它们顺利逃命。我们知道，蝙蝠是唯一能在天上飞的哺乳动物。蝙蝠家族经过数千年的进化，具有了飞行能力，同时也丧失了在地面上行走的能力，可是吸血蝙蝠是个例外。

吸血蝙蝠不仅能在地面上前行，甚至还可以跳“霹雳舞”——它能斜行，倒退，甚至还会跳跃。有科学家做过类似的实验，结果令人吃惊：吸血蝙蝠的奔跑速度竟然可以达到每秒1米多！

了解了吸血蝙蝠的吸血方法，我们不禁又要问：它们为什么会喜欢吸食血液呢？它们是怎么进化来的？

由于吸血蝙蝠长着锋利的牙齿，因此一些动物学家认为它们的祖先是一种吃水果的蝙蝠，这种蝙蝠的门齿可以咬穿坚硬的果皮。

但是有的学者反对这种说法，因为欧洲果蝠也是专吃水果的，它们怎么就没有进化成吸血蝙蝠呢？

有的生物学家认为，吸血蝙蝠的祖先原来是专门吃虱子的。因为虱子靠吸血为生，所以专吃虱子的蝙蝠就进化成了吸血蝙蝠。可是，吸血蝙蝠经常夜里活动，它们的祖先在夜里活动时是很难找到虱子的。

如此看来，关于吸血蝙蝠的这些谜团，还有待于动物学家们进一步探讨。

MYSTERIOUS

4 CHAPTER 历史长河的离奇悬案

漫漫历史长河中，留下了数不胜数的谜题，有待后人去一一探索。人们苦苦思索着自己的来源，研究祖先留下的种种奇特密码。远古时代的诺亚方舟传说，给人类揭示了怎样的秘密？神秘莫测的《圣经》密码，是巧合还是确有其事？远古时代希腊出现的齿轮计算机，究竟是谁人所造？高大巍峨的金字塔里，隐藏着哪些古文明的碎片？快翻开本章，把这些谜题一一解开吧！

五十万年前的火花塞

晶洞又叫晶球，外表看上去就像普通石头，但是内部往往藏有五彩缤纷的晶体和矿物。

这种东西本身就已经很罕见了，可是1961年，三位奇石爱好者在美国加利福尼亚州发现的一块类似晶洞的石头，更藏着令人吃惊的秘密。

那天，麦克塞尔、莱恩和马克赛在科索山上搜寻奇石，在接近顶峰的地方，他们发现了一块石头。大家以为是晶石，但仔细一看，好像不是，因为这块石头上还留有化石贝壳的遗迹。

几个人费尽力气，终于把石头锯成了两半，令三人大失所望的是，石头里并没有水晶。

几人拨弄几下，比水晶更惊人的东西出现了：石头中心有一个近1寸宽的白色陶瓷圆筒，筒的中心是一个半径大概2毫米的亮铜色金属轴。而且，这个轴具有磁性，陶瓷圆筒周围还绕着一个铜环。

除了这个奇怪的装置，石头内还藏着两件人工制品，看上去就像是现在的钉子和垫圈。

这些东西是什么呢？三个人百思不得其解，下山后，就把它送到了有关机构进行研究。

研究的结果出乎意料：这是某机械装置的一部分。这个金属轴的一端已经被腐蚀，另一端则是一个金属弹簧。看起来，这个东西与现代的汽车火花塞非常相似，当然，它的螺旋终端跟现在的任何火花塞都不一样。

是什么把这个不同寻常的火花塞封到了石头里？是某种偶然的自然力量，还是人为因素？

可是，接下来的发现更令人吃惊，经过鉴定，这块石头已经有50万年的历史了。很显然，三个人发现这块石头时“火花塞”是被密封在石头里面的。这么说来，火花塞的年代只能比石头久远。可是，50万年前人类刚刚从动物界中分化出来，尚处于极端原始的阶段，又怎么能制造出火花塞呢？

这个东西在当时又是作何用途呢？为什么只有这三个小部件被封在了石头里？难道真的有外星人存在？

1963年，这块不同寻常的晶洞在东加州博物馆展览了三个月。

随后，一个名叫兰尼的人获得了晶洞的所有权。据说，6年后，他又以2.5万美元的高价出售了这块神奇的晶洞。

但是，关于这块晶洞和50万年历史“火花塞”的谜题依然没有解开。

史前的西斯廷教堂

1879年，一个名叫马塞利诺的西班牙人带着自己的小女儿来到了阿尔塔米拉地区，他是一名生物爱好者和业余考古学家。

当地一位牧羊人说自己发现了一个神秘的洞穴，就带着马塞利诺来到了阿尔塔米拉岩洞。

进洞后，马塞利诺埋头专心挖掘；小女儿则独自玩耍着，渐渐走到了洞穴深处。突然，小女儿的呼声传来："爸爸！这里有牛！"

马塞利诺奇怪极了：有牛？山洞里怎么会有牛呢？

他顺着小女儿的声音走了过去，小女儿正一脸兴奋地指着洞顶。顺着女儿手指的方向一看，马塞利诺不禁也惊得目瞪口呆：洞顶上和四周的岩壁上画满了各种姿势的野牛，色彩也非常鲜艳，有黄色、黑色、红色和深红色。最令人惊讶的是，洞顶上竟然有一幅长达15米的壁画，画着野牛、野马、野鹿等动物，动物的身长从一米到两米多不等。

马塞利诺大吃一惊，他仔细观察了一下这些壁画，发现这些动物的姿势都非常生动，无论是受伤的还是奔跑的，看上去都特别真实。

而且，画家的作画手法也很高超，看上去，画家先是在洞壁上刻出简单的轮廓，又涂上了色彩。不仅如此，画家还善于利用洞壁本身的凹凸痕迹，以创造出画面的立体感。

阿尔塔米拉洞穴的动物岩画，造型惟妙惟肖，色彩浓重，看上去有种神秘感。

此后，马塞利诺又数次来到这里，对阿尔塔米拉洞穴的壁画作出了进一步的研究。

洞穴长达270米，大部分壁画都分布在长18米的侧洞顶部和壁上。画面中的动物主要是成群的野牛，以及野猪、野马和赤鹿等，一共有150多只。

这些画中，最引人瞩目的是一头受伤的野牛。它卧倒在地，低头怒视着前方，牛天生的野性和受伤的痛苦展现无遗。除此之外，洞中还有镌刻的人物形象及手的轮廓图等。根据测定，这些壁画作于旧石器时代。这些壁画表现出的活力，在现代艺术简直都是罕见的。

1880年，马塞利诺整理了自己的研究成果，写成《桑坦德省史前文物笔记》发表了。在笔记中，他公布了这个重大发现。

这个发现一经公布，就引起了人们的普遍关注。当时，很多人都不敢相信这个发现，越来越多质疑的声音传了出来。

有的人说："除了疯子，谁也不会相信旧石器时代的原始人竟然具有这么高的绘画水平。"

也有人说："马塞利诺简直是个骗子，这所谓的史前岩画，一定是他想出名而雇人造的假！"

当然，在一片质疑声中，也有人支持马塞利诺的发现。他们认为，生活在旧石器时代的原始人类经常捕猎野兽，所以对野兽的形态和习性都非常熟悉，能够创造出如此逼真的画作，也就不足为奇了。

一些专家陆续来到这里考察，随着研究者越来越多，研究结果也在不断深入，马塞利诺的说法终于得到了人们的赞同：阿尔塔米拉洞窟岩画确实是1万多年前旧石器时代晚期的人类留下来的，可谓是旧石器时代晚期人类艺术发展史上最具代表性的文化瑰宝。

更令人惊讶的是，作画者使用的颜料全部取自天然矿物，这些艳丽的色彩虽然饱受漫长岁月的侵蚀，仍然不见褪色迹象。

不仅如此，山洞壁画中的人物形象及手形图案给研究者提供了重要信息；洞穴前部还有旧石器时代晚期文化的遗物。这些都为确定岩画年代以及研究当时的经济发展水平提供了重要的依据。

慢慢地，人们开始承认阿尔塔米拉洞穴岩画的价值。它甚至被很多人誉为“史前的西斯廷教堂”。意大利罗马城内的西斯廷教堂，因米开朗基罗创作的巨幅天顶画而闻名世界，是西方人心中的艺术圣殿，用这来比喻阿尔塔米拉洞穴岩画，足见人们对它艺术价值的肯定，以及它在人们心目中的艺术地位。

在弄明白了阿尔塔米拉洞穴岩画的年代和艺术价值后，好奇的人不禁又要问：当时的人们为什么要画这些岩画呢?

很多人认为，壁画内容可能与当时的巫术活动有关，那个时候，人们在狩猎前会举行仪式，祈求狩猎成功，因此画下了这些画。

1985年，阿尔塔米拉洞穴岩画被列入联合国教科文组织的人类遗产名录。它的艺术和文化价值进一步得到了认同。但是，阿尔塔米拉洞穴岩画还有很多未解之谜：它的作者究竟是谁？生活在这里的部落到底是哪个种族的祖先？看来，这些谜题的答案还需要进一步的研究才能揭开。

原始洞穴的巨大手印

大洋洲在地理学家的心目中是个比较年轻的大洲，一般认为，它的历史也就在1万年左右。

可是，近年来的考古发现却向我们证明，这个看法是错误的。

在澳大利亚南部的库纳尔达洞穴，人们发现了距今2万年左右的简单壁画。这些壁画包括用细小的线条组成的简单画面，还包括一些巨大的手印和脚印。

这不能不令人吃惊。这些壁画可以证明，距今至少5万~4万年前，澳大利亚就开始有人类居住了。

不仅在这个洞穴中，人们在其他洞穴中也曾发现类似的岩画。这些岩画几乎与欧洲旧石器时代的洞穴岩画处于同一时期，但其文化体系大大不同。

在这些原始岩画中，人们常常看到许多抽象的手掌印和手臂印连在一起，数量甚至成千上万。

这些岩画的表现手法十分奇特，手印的刻画很粗糙，而且不是直接用手印上去的。这些手印的块面一般比较粗大，只有手掌大概的形状，不仔细辨认的话，很可能看不出这是手印。

可是，澳大利亚的原住民们为什么会在洞穴中留下这么多手印画呢？这些看似拙劣的岩画，又在给人们传递着什么样的信息？

有的考古学家认为，这些手印比常人的手大很多，可能体现了当时的人们对强大力量的需求，他们希望有更强的力量来捕获猎物。

也有人认为，这与澳大利亚的图腾信仰有关。古澳大利亚的土著居民有十分普遍的图腾信仰。他们盛行一种“珠灵牌”，是用木板或石板做成椭圆形或长卵形的小牌子，认为这种东西可以贮存祖先的灵魂。

他们认为，从开天辟地以来，人一旦诞生，灵魂就被散布在地面上，不论是男人、女人还是老人、小孩，每个人都有一块相应的“珠灵牌”。珠灵牌由图腾酋长保存，人们认为，一旦人死后，灵魂就分为两部分，一部分附在珠灵牌上，一部分进入从它身边经过的妇女体内，形成一个新的婴儿。

正因为如此，人们把珠灵牌看成是生命中最神圣的东西。一旦要举行某种仪式，珠灵牌必须从洞穴中被移走时，为了“让灵魂知道”，珠灵牌的主人就要在洞穴入口处留下一个手印。

原始洞穴门口这些巨大的手印，吸引着众多游人的好奇心。它们到底隐藏着怎样的秘密，这又有谁能够参透呢？

不仅如此，当时的土著人中还盛行着一种习俗：每当一个

人结婚时，他就要在神庙中留下右手的印记；当他死去后，亲人们就把他左手的印记留在神庙中。

根据这些习俗可以推测，这些原始洞穴中的手印，可能是当时的人们参与某种神圣仪式时留下的印记。

也有人对此提出疑问，因为从这些手印来看，它们更像是婴儿和妇女的手印，成年男子的手印并不多。

一些人由此推测，他们可能是纯粹为了“好看”而绘制了这些手印，并没有其他特殊的含义。

还有人认为这是当时巫术的体现。当时的人们为了求子，产生了一种“丰产巫术”，这些手印就是在施行这种巫术时留下的印记，其目的在于跟“母神”取得联系，达到求子的目的。

这种种说法各有自己的道理，但由于证据不充分，每一派别都很难为自己的论点提供可信的证据。但是，不少人根据现代原始部族中的习俗，认为“珠灵牌”的解释比较合理。

看来，要想真正弄清楚这些手印的含义，恐怕还需要经过长期的探索。

预言未来的《圣经》密码

一直以来，《圣经》都被看作是一本写满神的启示的书，但它的很多章节都晦涩难懂，令许多人摸不清“神的旨意”。

近年来，有人提出了一种新的解读《圣经》的方法，用这种方法解读，我们竟然能从《圣经》中读到很多准得惊人的预言！

最初，捷克的一位名为魏斯曼德的教士发现，从旧约《创世记》的开头开始，每隔50个字母跳读，竟然能拼出“Torah”一词。而“Torah”的意思恰好是“摩西五书”。另外，在《出埃及记》《民数记》和《申命记》中也是一样。

后来，这种现象被称为“等距字母序列”，据说，用这种方式解读《圣经》，就能得到预言将来的密码。

这种说法一问世，就遭到了很多无神论者和宗教人士的强烈反对。可是，好奇者仍大有人在，许多人都尝试着用这一方法去解读《圣经》密码。

后来，以色列的一名数学家和一名物理学家挑出了三十几位圣贤的名字和出生日期，利用电脑排查后发现，它们在《创世记》中都是相关的。而其他的书却无法达到这一效果。

后来，他们运用电脑程序，去除了整本希伯来原文《圣经》的字间距，用电脑跳跃码的方式寻找短语。结果，程序找到关键字“希特勒”后，找到了“恶人”“纳粹与敌人”“屠杀”等相关词语。找到关键字“肯尼迪总统”后，又找到“将死”和“达拉斯”，而达拉斯正是肯尼迪总统被刺的地点。这种做法引起了轩然大波。许多人认为，任何一本书都能找到相应的文字组合，这种“解码”只不过是牵强附会。

然而，《圣经》密码的拥趸者却振振有词地称，《圣经》密码先后经过很多数学家的验证，并不能仅用巧合来解释。而且，尽管大部分科学家心存怀疑，他们却找不出一个合理的反驳理由！而且，虽然每一本书都能找到随机的字母组合，但除了《圣经》外，没有任何一本书可以找到如此多、如此连贯的信息。因此，很多人坚信《圣经》中确实存在着密码，这些密码暗含了人类几千年来发生过的大事件和未来会发生的事。也有人由此坚信，《圣经》毫无疑问是出自上帝之手。

更有人认为，《圣经》不是地球的产物，而是“外星遗物”，它被传给人类时，就设计成了这么一种特殊形式，只有地球文明达到一定的先进程度时，人们才会发现其中的奥秘。

当然，《圣经》密码的反对者也不乏其人。他们认为，自古以来，希伯来文的《圣经》出现了很多版本，几千年来的版本肯定有不同的字句。这么看来，解码中所研究的《圣经》，跟最原始的版本已经有了一定的差别，因此不具可信度。

反对者还说，整本希伯来文《圣经》有30多万个字母，这么巨大的字母量，起码可以有100亿种字母组合。在这种前提下，所谓的“密码”只不过是一种断章取义罢了。还有一些人质疑，许多所谓的“预言”并没有证明，只不过人们更倾向于相信那些“被验证”的“预言”，久而久之，就把《圣经》密码传得神乎其神。

总之，支持者和反对者各持己见，我们或许永远都无法知道这种“密码”是不是真的存在了。

“诺亚方舟”真有其事吗

“诺亚方舟”是《圣经·创世记》中的一个古老传说。人类的祖先——亚当和夏娃因为偷吃禁果，被逐出了伊甸园。从此以后，人世间就充满着强暴、仇恨和嫉妒，只有诺亚是个正义之人。上帝看到人间的种种罪恶，心痛不已，于是决定用洪水毁灭这个已经败坏的世界，就教诺亚用歌斐木建造方舟。方舟造好后，诺亚按照上帝的吩咐，把全家八口搬了进去，又把各种飞禽走兽一对对地载到方舟上。

七天后，上帝降下洪水，一连下了数十个昼夜，淹没了整个人间。洪水消退后，诺亚方舟停靠在亚拉腊山边，诺亚以及各种动物走出方舟，开始了新的生活。

很久以来，人们都认为这只是一个传说。可是据报道，一些专家竟然在亚拉腊山一带发现了诺亚方舟的残骸。

这可是石破天惊的消息！如果这是真的，那就说明《圣经》里的故事不仅仅是神话传说，而可能是真实发生过的事情。

考古学家曾经在亚拉腊山4000多米的冰川上找到过零碎的木块。这个消息已经很让人鼓舞了，因为海拔这么高的山上不可能有树木生长。不仅如此，在超过3000米以上的地带，人类也不可能居住；而且当地世代都用泥砖建屋，几乎不用木材。这就排除了自然树木和人类建材的因素，因此，这些木块很可能与传说中的诺亚方舟有关。

最近的考古发现又有了新进展：专家们发现了一个巨

大的木质结构，并且从不同的破口处进入，已经发现了木质结构的七个空间。

这几个空间中，人们可以清晰地看到顶上有横木，墙身还有入榫结构，这明显是人工制造的。还有的房间有楼梯和门，墙身有木质栏杆。

考古学家们认为，根据历史记载，他们相信这个巨大的木质结构就是诺亚方舟，并决心进行深入的科学研究。

考古学家们之所以这么确定，是有原因的。

根据种种记载，专家们发现亚拉腊山上的这个木质结构跟诺亚方舟有着惊人的相似。比如，海拔高度基本一致，它在山上的停靠角度跟方舟基本相同，它的大致形状也跟记载中的一样。

也有人提出疑问，如果这真的是诺亚方舟，那么木质的方舟怎么能经受住这么多年的风吹雨打而保存至今呢？

土耳其考古学家阿密·乌兹伯博士给出了解释：山上极低的温度以及其特殊的地理环境有助于“诺亚方舟”的保存。

但是，这个巨大的木质结构到底是什么，它的具体年代是什么时候，这些谜题都还有待进一步的研究。

沉睡五千多年的冰人

1991年9月，德国纽伦堡的一对夫妻——赫尔穆特夫妇，来到奥茨冰山的塞米劳恩峰登山，走着走着，丈夫赫尔穆特突然被什么绊了一下。

他低头一看，大吃一惊：脚下竟然是一具赤裸干瘪的尸体！这具尸体是俯卧着的，大部分都被冰封在冰川中。妻子埃里克看到这一幕，简直吓坏了，想赶紧离开。赫尔穆特却坚持用最后的胶卷给尸体拍了照，下山时向管理部门报了警。

没想到，调查的结果震惊了整个世界：这个男性死者并不是现代人，他的年龄已经有5000多岁了，具体生活年代竟然是公元前3300年！于是，考古学家们就用冰尸的发现地——奥茨山谷，给他起了个“奥茨冰人”的代号。

经过更细致的鉴定，奥茨冰人去世时的年龄为45岁。根据研究，这个中年人穿着多种毛皮混搭拼贴而成的斗篷，还打着绑腿。

那么，这个神秘的人究竟是什么身份呢？化验得知，奥茨冰人头发里铜和砷的含量很高。他的遗体旁还有一把铜斧，制造材料是纯度高达99.7%的铜。根据这些特点，专家猜测，奥茨冰人可能参与了铜的冶炼过程，或许是个铜匠。

不过，紧接着，又有考古学家提出了异议。他们对奥茨冰人的胫骨、股骨和骨盆进行了分析，推断他经常在山区跋涉，所以他的职

高海拔的山峰有“天然冰箱”的作用，专家推测：由于极低的温度和特殊的地理环境，奥茨冰人才得以完好无损地封存5000多年。

业也很可能是高海拔地区的牧羊人。

那么，这个人究竟是哪里人呢？他怎么会死在海拔这么高的地区呢？

针对这些问题，考古学家们对奥茨冰人的生活地点和身体状况做出了考察。他们运用孢粉分析等手段，判断出奥茨冰人的童年是在意大利博尔扎诺北部一个村庄中度过的。而且，奥茨冰人的指甲上有三条博氏线（即指甲上的横沟），根据这个可以判定，奥茨冰人死前的半年中曾经得过三次病。最后一次生病是在他死前两个月，病情持续了两周。但是，由于技术限制，人们无法确定奥茨冰人的死亡是不是跟这种病有关。

直到2001年，在给奥茨冰人做了全身的CT扫描后，大家才意外地发现了他的死因。CT显示，他的左肩中插着一个箭头。

看样子，箭是从身后射来的，箭柄可能被奥茨冰人折断了，但箭头仍倒钩在肉里，拔不出来。有专家根据这个推测，奥茨冰人很可能死于箭伤引起的失血过多。

同时，还有专家认为，奥茨冰人是被几个人合力谋杀的。因为他身上有几块瘀伤，还有被割伤的痕迹，头部也有被石头砸过的伤口。在奥茨冰人身边以及身上，还有其他四个人的DNA被发现。而且，奥茨冰人的死亡姿势是脸朝下，看起来不像是自然死亡的姿势。因此，很多人认为，这几个DNA的主人可能正是谋杀奥茨冰人的凶手。但也有专家提出不同意见，这几个DNA的主人或许是奥茨冰人的同伴，他们在路上遭遇了敌对部落的袭击，扶着受伤的奥茨冰人在山上奔跑，结果奥茨冰人仍没能逃过劫难，因失血过多而死。

弄明白了这些，我们不禁想问，能从奥茨冰人身上找到那个时代的一些信息吗？答案是肯定的。考古学家对奥茨冰人肠内残留的食物进行了分析，发现他在死前八小时内曾经吃了两顿大餐，可以判断——一餐是羚羊肉，另一餐是红鹿肉，同时进食的还有谷物和水果，其中包括野李子。根据羚羊肉一餐的孢粉分析，专家们认为这一餐是在半山腰的针叶树林里享用的，时间为春季。富有价值的信息是，奥茨冰人肚子里的小麦是夏末才成熟的谷物，而野李子则是秋天成熟的果实。这些食物一同出现，这说明当时的人们已经能够对食物进行储藏了。

这个神秘的冰人还能给我们带来多少信息？我们相信，随着对奥茨冰人的进一步研究，未知的问题都会被一一破解。

神秘力量建造金字塔

一说到古埃及金字塔，我们就不禁想到它们的种种未解之谜：神秘的法老诅咒，金字塔与天文学的巧妙联系，金字塔精巧的结构和神秘的建造方法……这些谜题中，关于金字塔建造方法的争论最多，堪称谜中之谜。

金字塔大多建于公元前两三千年，全部是由人工建成，其中最大的就数胡夫金字塔了。胡夫金字塔是由260万块巨大的石块堆砌而成的，每块的平均重量可达10吨，而且，塔身的石块之间没有任何黏合物，虽然经历了四千多年的雨打风吹，但它们之间的缝隙仍然非常紧密，甚至无法插入一个薄薄的刀片。

可是，以古埃及的生产力水平和科技水平，是如何搬运这些巨大的石块的？

根据估计，建造金字塔的时候，埃及的居民必须达到5000万人，才能维持工程所需的粮食和劳力。可是，根据史料记载，公元前3000年左右，就算全世界的人口加起来，也只有2000万左右。

有人说，古埃及人是利用滚木来运输石块的，这样一来，施工就容易了很多。但是，这种方法需要大量的大树树干，而尼罗河流域树木非常少。

在尼罗河两岸，唯一能达到滚木数量要求的就是棕榈树，但棕榈树的果实是埃及人的一种重要粮食，棕榈树叶又是沙漠中唯一遮阳的东西，古埃及人不可能大片地砍伐这种树木。而且棕榈树的木质比较软，是无法充当滚木的。

有考古学家根据古希腊的历史学家希罗多德的记录，认为埃及人建造金字塔时使用了某种“机器”。难道说古

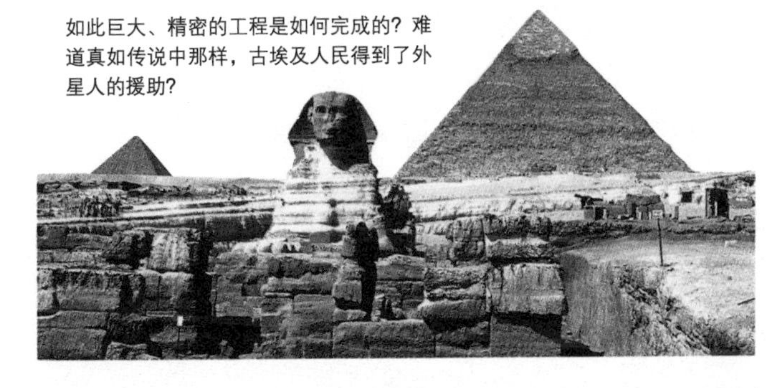
如此巨大、精密的工程是如何完成的？难道真如传说中那样，古埃及人民得到了外星人的援助？

埃及人已经制造出类似“起重机”的机器了?

经过长时间的研究，考古学家们认为古埃及人在金字塔建造过程中使用了一种类似桔槔的起重设备。桔槔是一种运用杠杆原理的汲水工具，用类似的原理，可以将巨大的石块一层层堆砌起来。

可是，金字塔越往上建造，可放置设备的地方也就越小，而且，如此重量的石块，即使运用了这种“机器”，搬运起来也要耗费不少的人力。

也有考古学家根据古希腊历史学家狄奥多洛斯的记载，认为金字塔建造过程中运用了“坡道”。这个坡道与金字塔的一个面垂直，坡度不超过8°，巨石就是经过坡道运送到金字塔顶端的。

可是，如果保持这种坡度以及跟金字塔面的垂直，坡道的长度就要保证在1.6千米左右。而且随着金字塔高度的增加，坡道就要加长加高，这样不仅耗费了巨大的人力和石材，也耽误了金字塔主体的建设。

接下来的考古活动证明了这种做法是不可行的，因为金字塔周围没有能建造坡道的足够平地，也没有发现坡道的遗迹。看来，要解开金字塔的建造之谜还需要时间。

玛雅人的超常天文知识

在墨西哥的坎昆及尤卡坦半岛上，耸立着许多巨大的金字塔。这些金字塔是玛雅人留下的，其规模之大，构造之精巧，完全不逊色于埃及金字塔。

但与埃及金字塔不同的是，玛雅金字塔的主要用途并不是作为坟墓。关于它的用途，比较常见的说法是作为祭祀用的神庙。但是，也有很多人认为这是用来观测天象的天文台。

说它是天文台，并不是毫无根据的。以太阳金字塔为例，它的四个面正好朝向东南西北四个方向，塔的四面都是等边三角形；更令人吃惊的是，它的底边与塔高之比，恰好等于圆周与半径之比。

而且，它们还包含着精细的天文知识：经过南边墙上的气流通道，天狼星的光线可以直射到上层厅堂中死者头部的位置；经过北边墙上的气流通道，北极星的光线也可以直射到下层厅堂中。

再以库库尔坎金字塔为例，整个金字塔共分9层，塔的四面各有91级台阶，再加上塔顶的平台，恰好是一年的天数——365。而9层塔座的阶梯又分为18部分，这恰好又是玛雅历中一年的月数。金字塔的四面还各有52个四角浮雕，这代表了玛雅历的1世纪——52年。

玛雅人崇拜太阳神，他们认为库库尔坎（意为“羽蛇”）是太阳神的化身。库库尔坎金字塔朝北的台阶上雕刻有一条带羽毛的蛇。这条蛇的蛇头非常逼真，蛇身却藏在阶梯的断面上，只有在每年春分和秋分的落日时分，在光线的照射下，原本笔直的线条才从上到下交会成波浪形，就像一条游动的巨蟒缓缓飞腾而下。这种别具匠心的设计包含了多少天文知识呀！

令人惊叹与困惑的还不止这些。

1968年，一些科学家准备研究这些金字塔的内部结构。但令人费解的是，每天的同一时间，用同一设备，对金字塔内同一部位进行X射线探测，他们得到的结果却各不相同。

而且，美国人类学家、探险家德奥勃洛维克对尤卡坦半岛的金字塔进行考察时，竟然发现了很多由地道连通的地下洞穴。这些地道的结构与埃及金字塔内的通道十分相似。他拍摄了9张地道的照片，可是，能洗出来的只有一张，而且，呈现在这一张照片上的，也只是一片旋涡形的神秘白光。

除此之外，玛雅的天文台也充满了各种谜团。

玛雅的天文台不论是在功能上还是外观上，都与现在的天文台十分相似。富有代表性的凯若卡天文观测塔建在一个巨大而精美的平台上，而且有小的台阶通往大平台。底楼建筑是圆筒状的，上面建有一个半球形的盖子，底楼的四个门对着东西南北四个方向。

窗户与门廊组成了6条连线，我们已知的有3条与天文有关：一个与春秋分有关，另两个跟月亮活动有关。

而且，玛雅人的天文观测塔在位置上都与太阳和月亮对齐，看上去像一个完整的天文观测网。

要知道，天文观测网的观念是近代才出现的，数千年前的玛雅人怎么能有这么先进的观念呢？

神奇的金字塔和奇妙的天文台都昭示着玛雅人掌握超常的天文学知识。那个年代的玛雅人如何掌握了这些高深的天文知识，这只能是个未解之谜了。

遗址惊现奇异古电池

1936年6月，在伊拉克巴格达的郊区，铁路工人正在施工，大家干得热火朝天。突然，一个工人铲到了一个硬硬的东西，怎么掘也掘不动。大家停下了手中的活儿，围到这里齐心协力地挖掘，结果竟然挖出了一口石棺！

工人们立即停止了施工，报告了当地博物院。没多久，伊拉克博物院的考古学家们赶了过来。原来，这是一座安息时期（公元前250年—公元225年）的墓葬。经过漫长的挖掘，大量文物出土了。这些文物中不乏稀世之宝，如数百颗珍珠组成的念珠，雕刻有图案的美丽玻璃，造型精美的金银器……但是，最令人吃惊的不是这些，而是一个奇特的陶罐装置。

这个陶罐像一个花瓶，瓶里装满了沥青。沥青中还有一个铜管，铜管的顶端包裹有一层沥青绝缘体。铜管中还有一层沥青，并且有一根锈迹斑斑的铁棒，铁棒高出瓶口的部分覆盖着一层灰色的物质，看上去好像是一层铅。这个奇怪的装置像是一个化学仪器。

可是，这些“破铜烂铁”为什么跟金银器等贵重物品一同作为殉葬品呢？它们有什么特殊的用途呢？当时的伊拉克博物院院长瓦利哈拉姆·卡维尼格仔细端详着这些东西，百思不解。

几天以后，卡维尼格向世界宣布了一个惊人的消息：经过研究，他认为这些东西是古代的化学电池！只要加入酸性溶液，它就能发电！

这个消息一传出来，举世哗然。大家都说卡维尼格不是疯了，就是个大骗子。就在这风口浪尖上，卡维尼格跟那些古代“电池”竟然都消失了。指责他的人更有了口实，都说这个“骗子”受不了舆论的压力，逃走了。

可是，没过几个月，卡维尼格又出现了。他带着古代“电池”骄傲地向大家宣布：这几个月中，他在柏林做了一项重要的实验。这些瓶瓶罐罐能组成10个电池，把葡萄汁、柠檬酸、醋等古代就有的酸性液体倒入其中，这个装置就能发电。由此推测，古人可能用这个装置发电，以此来给塑像和饰品镀金。

这个消息又一次让众人震惊。难道那个年代的古人已经能够发电了么？众所周知，电池是1800年由意大利科学家伏特发明的。如果这个装置真的能发电，那科学史将做出重大的调整。

另外一位德国考古学家阿伦·艾杰尔布里希特得知这个消息后很好奇，他决定做个实验，验证一下这种说法的真伪。他根据这个陶器装置，制造出了一个仿制品，又把电压表跟它连在一起。最后，他把新鲜葡萄的

巴格达有着灿烂的古代文明，这些文明碎片中究竟隐含着怎么样的奥秘？这些谜题都需要进一步的研究。

汁液倒进这个装置，令人震惊的一幕出现了：电压表的指针开始移动起来，显示有0.5伏的电压！

紧接着，他又把一个小雕像放在金熔液里，然后用这个电池通上电，结果两个小时后，一个完美的镀金雕像出现了。

据说，类似的装置在埃及金字塔的壁画中也出现过。在埃及金字塔的考古过程中，很多人曾经有一个疑问：金字塔最里面的洞穴中有雕刻精细的石壁画。显然，这壁画是古埃及雕刻家在金字塔里雕刻的，但洞穴一片漆黑，必须有照明光才能完成如此精细的工作，就算使用当时最好的火把或油灯，也会留下烟熏、灰烬等痕迹，但是，洞穴里却没发现任何用“火”的痕迹。这是否意味着，当时的人们使用的是一种不用火的电池灯？

这些谜题让人兴奋又迷茫，我们没法知道古代的电学实验室究竟达到了多么先进的程度。目前，大部分考古学家对“古电池”的说法还持怀疑态度。或许，随着更多古墓的发掘和更多古文字的破译，这个千年之谜终会被解开。

木乃伊胸膛传出心跳声

古埃及的木乃伊大名鼎鼎，可谓世人皆知。从发掘之日起，几乎每一具木乃伊的出土，都伴随着一个传奇的故事，引起众人瞩目。其中，最令人吃惊的要数卢索伊城郊外出土的一具木乃伊了。

一天，在埃及卢索伊城郊外，考古人员从墓穴中抬出了一具刚出土的木乃伊。他们做了简单的处理后，准备按照惯例，把它交给国家文物部门收藏。

这时，一名参与处理的工作人员觉得这具木乃伊好像有点与众不同。他开始仔细地检查眼前的木乃伊。这具木乃伊看上去跟平常的木乃伊一般无异。可是，他总感觉哪里有些异常……

他低下头仔细观察，突然，发现了一个令人震惊的情况：这具木乃伊体内仿佛发出一种有节奏的声音。工作人员大惊失色，稍稍镇定情绪后，他循着声音细细找去，发现那声音竟然是从心脏部位传出来的！这种声音听上去跟心脏跳动的声音非常相似！

一个恐怖的想法涌进了他的脑海：难道这个死人的心脏还在跳动吗？要知道，这可是一具千年木乃伊呀！

大家纷纷围过来观看，但没人敢拆开那缠满白麻布的尸体去一探究竟。于是，考古人员把这具木乃伊原封不动地送到了地方诊所。但是，地方诊所面对这具奇特的木乃伊，也不敢贸然处理。他们只得将它送到了开罗医院。

接到这具奇特的木乃伊后，开罗医院召集了一些经验丰富的专家，对它进行了系统的检查。显然，这具木乃伊没有丝毫的生命迹象，无疑是一具干尸。

然而，仅从尸体表面查看，医生们没法查清声音产生的原因，于是决定对它进行解剖检查。

准备妥当后，医生们将缠满尸体的白麻布一点点拆开，开始对尸体解剖。解剖完后，他们惊讶地发现：尸体的心脏虽然已经变成了一块肉干，但是仍在有规律地跳动着。原来，在心脏的附近竟然有一具起搏器！

这太令人吃惊了！这个黑色的起搏器竟然工作了2000多年，至今仍然正常运行！医生们产生了极大的兴趣，他们对这个起搏器做了测试，发现这个黑色的起搏器是用一块黑色水晶制造的，这种黑色水晶含有放射性物质。

在世界上现存的水晶中，黑色水晶是非常罕见的。它含有放射性物质，能让心脏保持跳动。虽然这个起搏器已经经历了2000多年的历史，但它还带动着心脏“怦怦”地跳动着，每分钟80下。

随后，开罗医院把这一重大发现公布于众，并把这个起搏器放到木乃伊体内原来的位置，让人们参观。

这一惊人的消息吸引了众多考古学家、电子学家，他们从各地赶来，对这具仍有“心跳”的木乃伊进行实地观察和研究。

2000多年前的人们怎么能得知黑水晶含有放射性物质？他们又是怎么制造了这个起搏器？而且，起搏器是协助心脏工作的，应该是在人还活着的时候被装入体内的，在当时的医学条件下，又是谁完成了这一手术？

这一系列难题都引发了人们深深的思考，但是没人能给出一个明确的回答。甚至有人认为，在神秘的古埃及，可能生活着一些具有特殊能力的术士，正是他们用某种特殊手段创造了这一历史奇迹。

显然，这种说法只是推测，并无科学依据，看来，这个难解之谜只能留待后人来解开了。

古希腊的齿轮计算机

1900年，一名希腊潜水员在安蒂基西拉岛附近的海底发现了一艘沉没的古罗马货船残骸。这艘沉船上有大量的珠宝、陶器、葡萄酒和青铜器，令人叹为观止。然而，最重大的发现并不是这些宝物，而是一个锈迹斑斑的青铜机械装置。

这个装置有齿轮和刻度盘，看上去像是一个复杂机械的残骸。这个东西被发现后，引起了广泛的关注，大家都不知道它究竟有什么用途，就用发现地把它命名为“安蒂基西拉机器”。

一百多年来，对于这个神秘装置的用途，大家一直众说纷纭。随着进一步的探索，科学家又找到了八十多片同一装置的残骸。

早在1959年，英国科学历史学家德里克·普赖斯就认为，这个设备很可能是一个研究天文的装置，古人可以利用它来预测太阳和月亮任何一天里在十二宫图中的具体位置。

最近，由英国、希腊等多国科学家组成了一个国际研究小组，经过研究后，他们提出了一个石破天惊的看法：“安蒂基西拉机器”是世界上最早的计算机。

这个说法虽然令人震惊，但并不是空口无凭。这个机器的外面有刻度盘，里面则有很多青铜齿轮。根据X光照片，我们能看到该机器里面有至少30个独立的齿轮，是一个构造精密的仪器，而且机器上的一段铭文也被破解了。

这个拥有两千多年历史的机器，其奥秘终于被解开了。

据悉，“安蒂基西拉机器”的制造日期很久远，在公元前150年到公元前100年左右。它内部三十多个齿轮和转盘连着一个手摇曲柄，转动曲柄可以控制整个装置。一旦摇动曲柄，让刻度盘指到未来的某个日期，这个机器就能预测当天太阳和月亮在十二宫图中的具体位置以及当时的月相，甚至还能预测出当天是否会出现日食、月食等。

更令人惊讶的是，这个机器甚至还能预测水星、金星、火星、木星和土星的运动状态。当然，当时的人类仍然以为地球是太阳系的中心。

由于“安蒂基西拉机器”非常先进，很多天文学家认为它的历史价值比许多伟大的艺术作品还要高。

更有人提出，“安蒂基西拉机器”的齿轮和刻度系统非常复杂，这种科技超越了它当时的时代。据历史记载，这种技术最早出现在中世纪的欧洲。这么看来，“安蒂基西拉机器”至少超前了1000年。

古希腊有着辉煌灿烂的文明，其先进程度甚至远远超过人们的想象。神秘的古希腊“计算机”又给我们展现了怎样的文明碎片呢?

德国慕尼黑科学历史学家弗朗科伊斯·查里蒂说，跟“安蒂基西拉机器”类似的古希腊“计算机”很可能不止一台。但其他此类机器目前沉睡在哪里，它到底是何人所造，用途是什么，这些仍然是未解之谜。

神秘的卡帕多西亚地下城

在土耳其的卡帕多西亚有一种奇特的景观：平地之上耸立着许多石笋状的小山峰，山峰大多呈白色和灰白色。这些东西乍看上去很像沙堡，用手一摸，才发现那是非常坚硬的石头。

根据地质学家的考证，数百万年前，这个地区有多座火山大规模地爆发，大量火山灰沉积下来，经过数千年的风化和雨水侵蚀，形成了现在这种独特的地貌。

阳光照在这些小山峰上，仿佛迷幻的外星景观，走入这里，一种奇异的感觉油然而生。

然而，更奇特的是，卡帕多西亚任何一个尖岩下都可能隐藏着一座小教堂。

这些教堂完全是在岩石中开凿成的，虽然外表跟普通的岩峰无异，但内部可是“五脏俱全”。

这些教堂不需要支柱等承重设施，而是充分利用尖岩自身的结构，内部仍然可以设计成圆柱和拱顶状。这些教堂往往位于小尖岩的顶部，下面有一段两三层楼高的台阶，这些都是在尖岩内部开凿出来的。据悉，在卡帕多西亚地区，这样的岩石教堂竟然多达600个。

除了这些尖岩教堂，更令人大开眼界的是卡帕多西亚的“地下城”。

没人知道这个“地下城”开始修建的确切时间，只能知道它大概兴建于公元7—8世纪。当时，阿拉伯人入侵安纳托利亚高原，东正教徒逃到卡帕多西亚避难，并在这里兴建了地下城。

这里的地下城数量众多，已经发现的就有36座，其中规模较大的是德林库尤地下城。

德林库尤地下城大概有18—20层，其深度为地下70~90米。走进这个奇特的城市，你会大开眼界。

这个地下城的设计很巧妙，虽然位于地下很深处，人们走在这里却丝毫感觉不到憋闷。

这一切都归功于它强大的通风系统，这个通风系统设计精良，至今仍能正常工作。

德林库尤地下城竟然有1200多个房间，显然，当时的人们长期在地下生活。房间的功能各异，包括储藏室、葡萄酒窖、厨房、学校、坟墓等，甚至连畜养动物的地方都一应俱全。

在土耳其语中，“德林库尤”意为“深井”。跟这个名字一样，德林库尤地下城里确实有相当数量的水井。这些水井直通地面，生活在各层的居民不仅可以站在井边打水，也能呼吸到从天井进入到地下的新鲜空气。

这个神奇的地下城让我们不禁对古人的智慧啧啧称奇，也让人联想起他们因宗教被迫害的悲惨处境，所幸那些迫害和杀戮都已经离我们远去了。

西罗马帝国亡于铅中毒吗

公元410年，西哥特人首领阿拉里克率领日耳曼人攻占了西罗马城，不可一世的西罗马帝国走向了灭亡。但有学者称，这次事件并不是西罗马帝国灭亡的真正原因。那么，西罗马帝国到底是如何覆亡的呢？

很多学者认为，在攻克罗马城之前，西哥特人已经开始学习罗马人的先进文化，使自身的战斗力不断加强。同时，罗马军队中雇用了众多的日耳曼人，他们在战争中的表现并不令人满意，因此，阿拉里克得以攻克罗马城。强敌当前，傲立于西方的西罗马帝国走向了覆亡。从表面来看，强大的西罗马帝国似乎确实是被西哥特人所消灭的。但最近一些学者对这一说法提出了质疑，他们提出了一个新的观点：西罗马帝国毁灭于铅中毒。

1969—1976年，考古学家在英国南部赛伦塞斯特展开了考古挖掘工作。在一座公元4世纪末的罗马人墓群里，人们找到了450具骸骨，多数骸骨中的含铅量是正常人的80倍之多，儿童的骸骨含铅量更高。考古学家依此推断，这些人可能死于铅中毒。同时有文献记载，西罗马帝国各地居民都有头痛和四肢麻痹的情况，这正是铅中毒的症状。

罗马人十分喜欢铅制器皿。他们用铅杯喝水，用铅锅煮食，甚至用氧化铅代替糖调酒。食用了如此多的铅，罗马人逐渐感到全身无力，更可怕的是，他们渐渐丧失了生育能力。后期的西罗马帝国皇帝经常鼓励夫妻生育更多子女，可能是为预防人口减少。现代医学表明，即使吸收微量的铅，对生殖能力也有影响，所以罗马人很可能是因为喝了含铅的酒水而致残，最终使帝国覆亡的。

但如果铅中毒是西罗马城于公元5世纪被攻陷的原因，那东罗马帝国为什么能在西罗马被灭亡之后继续存在1000年呢？有人说，东罗马帝国边疆不长，较容易抵御，可以避免外族人的入侵；同时，东罗马帝国国内治安维持较好。此外，也不难发现，东罗马境内的铅矿较西罗马少得多，所以当地居民只能使用在当时看来较为低劣的瓦锅和陶杯。铅中毒是西罗马帝国灭亡的真正原因吗？真相仍有待历史学家进一步探究。

悬崖上的神秘宫殿

在斯里兰卡，有一座建在橘红色巨岩上的空中宫殿。这座宫殿所在的巨岩高达两百多米，顶部平坦，就像一只巨大的狮子，空中宫殿就位于狮子的“背部”，因此，它也被叫做“狮子岩”。

这个神秘的悬崖宫殿曾经被埋藏在丛林中长达几个世纪之久，一直到19世纪中期，英国猎人贝尔偶然发现了它，才揭开了这座宫殿的神秘面纱。

狮子岩宫殿各种设施一应俱全，四周围绕着护城河，还有一个美丽的花园广场，砖红色的空中城堡建筑在岩石的顶端。

这座悬崖宫殿跟普通宫殿一样，有宴会厅、议事厅、国王寝宫等，甚至还有国王的石制宝座和蓄水池。蓄水池完全是人工开凿的，其中的水都来自雨水，可以供宫中使用一年。当水池中的水位过高时，水便溢出，由山顶流向下面的花园，清澈的水流经各个大小不同的出水孔，形成高高低低的喷泉，煞是好看。

不可不提的是，整座狮子岩原来有五百余幅壁画，主要以女性像为主，以黄、绿、黑为主色。这些女性丰满美丽，头戴宝冠，身披彩带，姿势如同飞天散花的舞女，非常生动。至今，这些壁画已经只剩数十幅，但仍然是斯里兰卡古代艺术的珍品，也堪称古代东南亚四大艺术胜迹之一。

纵观整个宫殿，竟然占地近两公顷，按照当时的建筑水平来说，这座宫殿的规模简直大得不可思议。

我们不禁要问，这是谁建造的？为什么选择把宫殿建在悬崖上？在当时的条件下，这座宏伟的宫殿又是怎么建造起来的？

原来，宫殿的主人是摩利耶王朝的国王卡西雅伯建造的。他为了得到皇位，杀掉了自己的父亲，夺得了天下。但他的同父异母弟弟莫加兰发誓要为父报仇，扬言一定要杀掉他。卡西雅伯极度害怕，于是把宫殿选在了这块巨岩上。这样，宫殿既具有居住功能，又有了天然的军事防护功能。

可是，在这么陡峭的地方建造宫殿，就是放在现在也是个难题。当时的人们是如何爬到陡峭的岩壁上，把原料运到顶端修建宫殿的呢？

这个问题一直困扰着考古学家们。

2004年，考古学家在宫殿的外墙上发现了几个类似螃蟹的图形，他们把这命名为“人造八爪机械板车”。专家们认为这很可能就是当年运送材料的机械，但这种机械是如何具体操作的，就不得而知了。

海底墓葬群

大约20世纪中叶，考古学家发现，在西太平洋的密克罗尼西亚联邦近海的一片珊瑚礁群内有一处用石柱群围起来的海底墓群。

密克罗尼西亚联邦是一个小国，4000年前就有人居住，16世纪被西方航海者发现以来，先后被许多国家占领，直到1986年才取得独立。

平时水位正常的时候，这个小岛看上去跟普通的小岛无异。可一旦退潮，人们就能清楚地看见珊瑚礁群间巨大的人工水道和石柱。据说，这些石柱中间就是当地历代酋长的墓地。由于不愿意让人侵扰亡灵，人们就将酋长的坟墓建在了难以进入的珊瑚礁群中。

1920年，这个小岛被日本托管。日本生物学家杉浦先生来到了这里，对海底墓地很感兴趣。为了揭开海底墓地之谜，杉浦先生命随行人员抓来了当地的一名酋长，逼迫他说出墓地的秘密。

开始时，酋长不肯说，他声称，担心泄露了秘密后自己会受到神灵的惩罚。

美丽的珊瑚礁组成了礁群，可是谁能想到，在这美丽的背后却藏着一个巨大的海底墓地呢?

可是，在杉浦先生的逼迫之下，酋长最终说出了墓地的秘密通道。令人感到恐怖的是，没过几天，这位酋长就被雷击中死掉了。

杉浦先生按照酋长所说，果真从秘密通道进入了一个海底坟墓，取得了墓地的第一手资料。正当他准备好好研究，把真相大白于天下时，竟突然暴病身亡。接着，历史学家泉清一教授接过了这些资料，准备把杉浦先生未完的事业做完。但是没多久，泉清一教授也猝然离世了。

大家看到两位教授相继死亡的事实，又想到了酋长所说的“海上女妖的诅咒”，不禁感到毛骨悚然。

接下来的研究者不敢再继续探索下去，只好把所有的资料都焚毁了。

后来，一个美国科学小组来到了这里，用许多先进的科学探测仪器和雷达设备进行了测定。石柱样本的碳化测定显示，其建造年代是公元1200年左右。

这些石柱成分与小岛北部的火山玄武岩相同，由此推断，这些建筑材料很可能来自岛北的采石场，在采石场加工后，又运到这里安装。

根据历史记载，公元12世纪，萨乌鲁鲁王朝统治着这个小岛。萨乌鲁鲁王朝维持了两百余年的统治，当时的总人口约为3000人。

可是，单单石柱的数量就达到上万根，如果要在200年内完成这么大规模的工程，至少需要一万名劳力。但在当时，这个岛上可使用的劳动力最多也只有1000人。那么，这么大的工作量，又是怎么完成的呢？随着岁月的远去，这一切都不得而知。

多贡族是外星人的后裔吗

自古以来非洲就是一片神奇的土地，这里是人类的发源地之一，有着多变的地形和多样的文明。

在非洲西部有一条尼日尔河，它孕育了西非的很多民族。在尼日尔河的拐弯处，居住着一个土著民族——多贡族。这个民族以耕种和游牧为生，生活非常艰苦，一些人甚至现在还住在山洞里。他们连自己的文字都没有，这么多年来一直用口授的方法来传述知识。看上去，多贡族跟西非其他土著民族没有什么区别。

20世纪20年代，法国人类学家格里奥和狄德伦来到了西非。为了调查原始社会的宗教，他们在多贡族部落中居住了10年之久。经过长期的交往，他们得到了多贡人的信任，也从多贡人的最高祭司那里得知了一个惊人的事实。

在多贡人口头流传了400年的宗教教义中，蕴藏着关于一颗遥远星星的丰富知识。他们把这颗星星叫做“朴托鲁”。在他们的语言中，“朴”指细小的种子，“托鲁”指星。他们还说，“朴托鲁”是一颗“最重的星”，而且是白色的。

格里奥和狄德伦发现，他们口中的“朴托鲁”竟然就是天狼伴星。可是，这颗星星是没法用肉眼看见的，即使使用望远镜，它也不太容易被看见。

而且，根据多贡族的说法，他们已正确地说明了这颗星的三种基本特性：小、重、白。确实，天狼伴星正是一颗符合这些条件的白矮星。

相比之下，关于天狼伴星的知识，现代天文学就显得落后多了。天文学家最早猜测到天狼伴星的存在是在1844年；直到1928年，人们才借助高倍望远镜等现代天文学仪器，得知它是一颗体积很小但密度极大的白矮星；到了1970年，人们才拍下了这颗星的第一张照片。

多贡人在过去的时间里大都生活在非洲的山洞中，更别说有什么高科技的天文观测仪器了。那么，他们是如何得知这颗星星，并掌握了关于它的知识呢？

不仅如此，多贡人还在沙上画出了天狼伴星绕天狼星运行的椭圆形轨迹，这些画与天文学的准确绘图极为相似。而且，多贡人说，天狼伴星公转的周期为50年，公转的同时，它也围绕自己的自转轴转动。根据现代天文学的测量，这些都是事实。他们还说，在天狼星系中，还有第三颗星的存在，这颗星叫做“恩美雅”，而且“恩美雅”有一颗卫星。不过，天文学家至今仍未发现“恩美雅”。

多贡人对天狼伴星的崇拜可谓是无以复加。他们认为天狼伴星是神创造的第一颗星，是整个宇宙的轴心。更令人惊讶的是，他们早就知道行星是围绕着太阳运行的，土星带有美丽的光环，木星有四个主要的卫星。他们分别以太阳、月亮、天狼星和金星为依据，创造了四种历法。

人们不禁好奇：这个部落的人怎么能拥有如此丰富的天文学知识？他们又为何对天狼伴星如此推崇？

据多贡人说，古时候天狼星系的智慧生物来到地球，传授给他们丰富的天文知识。他们把这种“智慧生物”称为“诺母”。

在多贡族的传说中，“诺母”是从多贡人现居地的东

尼日尔河沿岸有很多简陋的村子。非洲原始部族落后的经济水平与先进的天狼星系知识形成巨大的反差，这给人们留下了一个难解的谜题。

北方来到地球的。他们乘着圆形的飞行器盘旋下降，飞行器发出巨大的响声，同时掀起了大风。降落后，飞行器还在地面上划出了深深的痕迹。

而“诺母”的样子，既像鱼又像人。他们是一种两栖生物，必须在有水的环境中才能生活。在多贡族的图画和舞蹈中，随处可见关于“诺母”的内容。

那么，天狼星系真的有智慧生物吗？在古代，天狼星系的飞船降临过地球吗？如果不是，那么，多贡人关于天狼星系的知识又是从哪儿得来的呢？也许在很长一段时间内，这些都将是难解的谜团。

“铁面人”的神秘身份

1662年，法国国王路易十三驾崩后，路易十四继位。这位新王既傲慢又残暴，整日荒淫无道。为了占有当时著名的美女柯瑞斯蒂，路易将柯瑞斯蒂的爱人——莱奥派到前线，没过多久，莱奥就在战争中死去了。

莱奥的父亲——前国王侍卫队员阿萨斯得知这个消息后，悲愤异常，在内心深深地埋下了仇恨的种子。同时，埃拉密斯神父有了一个秘密的计划：从监狱里救出戴着铁面具的神秘囚犯——路易的孪生弟弟菲利普，让他取代暴君路易十四，拯救整个法国。

于是，两人协力，经过一系列艰苦的营救和厮杀，终于让菲利普取代了路易十四，带领国家走向了强盛和稳定。而真正的路易十四则代替了菲利普的身份，在巴士底狱中戴着铁面具了此余生。

这是法国著名作家大仲马在小说《铁面人》中讲述的传奇故事。实际上，历史上确实存在着一个神秘的“铁面人”。

1789年7月14日清晨，成千上万愤怒的巴黎市民呼喊着冲进了象征王权的巴士底狱，解放了关押在那里的所有政治犯。在一个空无一人的囚室的门上，人们发现了一行字，上面写着：囚犯号码64389000，铁面人。“铁面人”到底是谁，人们无从考证，囚犯的身份因此成了一个永远的谜。

法国思想家、哲学家伏尔泰在他的名著《路易十四时代》一书中，有这样的记述：

1661年，圣玛格丽特岛上的一座城堡迎来了一位特殊的客人，之所以说他特殊，是因为在他的头上罩着一个特制的铁皮面罩，无论是在其被秘密押解的途中，还是在被囚禁期间，都严令禁止摘掉面罩。

1703年，这个在监狱中度过了大半生的神秘人突然死去，他原本鲜为人知的身份也就更加神秘莫测了。

伏尔泰在他的著作中曾经提供了一点线索：这位囚犯身材颀长，风度优雅，似乎是很有身份的人。在巴士底狱，“铁面人”得到的待遇十分特殊，不仅住所舒适、饭菜精美、衣着考究，还享受着弹奏乐器和定期检查身体的优待。典狱长和前来探望的陆军大臣与他谈话时，都毕恭毕敬地站在一旁，可见其尊贵程度非同一般，因此人们猜测“铁面人”肯定跟王室有关。

从此之后，“铁面人”的真实身份就成了大家热衷的话题，由此衍生的文学作品和影视作品也不断产生。

当然，作家大仲马的版本是最为流行的，但同时其他的几种观点也非常富有传奇色彩。

其中一种说法认为，“铁面人”是路易十四的生父。据说，路易十三和王后感情不和，王后爱上了一个贵族并怀上了他的孩子，这个孩子就是后来的路易十四。路易十四继位后得知真相，不忍将生父杀害，只得将他终身监禁，并想方设法掩盖他的身份。

另一种猜测认为，“铁面人”是知道许多王室丑闻的近卫军中尉多热或法官拉雷尼，王室考虑到他为法国作出的贡献，没有杀人灭口，为了防止他走漏风声，只好将他囚禁在监狱中。

可是，这些说法都没有史料证明。据说在18世纪，法国国王路易十五、路易十六都曾下令调查过“铁面人”，路易十六还曾明确表示，要严守“铁面人”的秘密。

因此，调查结果无人知晓。时至今日，“铁面人”的身份依然是个谜。

铁面人的传说引发了后人无限的遐想，人们甚至根据这个传说拍出了著名的电影《铁面人》。

MYSTERIOUS

5 CHAPTER 人体科学的超级难题

在人类的身体里面，究竟藏着怎样的秘密？人们真正了解自身所有的奥秘吗？许多人体怪异现象，究竟是因何而生？许许多多的谜题，虽已历时弥久，但仍被未解开。文学作品中的“小人国”或许在地球上的某个地方真实存在；诡谲的催眠术能够“掌握”人的意志，让人说出内心深处的秘密……这些人体科学的超级难题不断吸引着人们去探索。快翻开本章，发掘这些谜题的答案吧！

千年不腐的古尸

自古以来，肉身不腐的现象一直吸引着人们的目光。众所周知，埃及的木乃伊是用特殊的防腐香料制作而成的，但尸体随着时间的流逝，会变得干瘪，这就是所谓的“干尸”。实际上，世界上还有保存良好的“湿尸”，这类古尸虽然历时弥久，却跟刚刚死去时差不多，甚至连皮肤都保持着弹性。

中国的僧人们就经常用秘方保存肉身。唐朝的元际禅师就是最典型的例子。

唐贞元六年（公元790年），元际禅师已经91岁高龄。他感觉到自己的时日不多了，就悄悄返回故乡湖南衡山的南台寺，等待大限之日的到来。这段日子里，元际禅师不再进食，而是让门徒把他平日搜集来的一百多种草药熬成汤，代替食物，每天都要喝上十多碗。

每次喝完了这种汤药，元际禅师都大汗涔涔，小便频繁。众门徒见状，纷纷劝他别再喝了，但元际禅师仍旧继续饮用这种散发着芳香的草药汤。

就这样，过了一个多月，元际禅师清瘦了许多，但面色赤红，目光如炬。有一天，他盘腿打坐，口念佛经，安详地圆寂了。

又过了一个多月，门徒们惊讶地发现，元际禅师的肉身不但没有腐烂，而且还散发出药草的芬芳。门徒们认为这是禅师功德无量的结果，就特意修建了寺庙供奉。

千百年来，这里香火一直非常旺盛，直到战乱频繁的清末民初。

19世纪30年代，军阀割据，天下大乱。日本间谍渡边四郎假扮成牙科医生，潜伏在湖南一带。他知道禅师的肉身千年不腐，就趁机毒死了寺内的小和尚，把元际禅师的肉身移出寺庙，隐藏了起来。不久以后，寺庙在兵火中被毁，人们都以为禅师的肉身也不幸被烧毁了。

眼看抗日战争接近了尾声，渡边见日本的大势已去，就偷偷把元际禅师的肉身伪装成货物，带回了日本。刚开始，他把元际禅师的肉身放在自己乡间的住处，后来又移到了东京郊外的一个地下仓库中。直到1947年，渡边病重身亡，人们在清理遗物时，才从他的日记中知道了这个秘密。当局立刻派人找到那个仓库，打开门一看，众人震惊：只见禅师盘腿而坐，仿佛刚刚死去。

专家认为，一般的木乃伊只是保存了身体的躯壳，并不足为奇。但是，长期暴露在空气中的肉身能够千年不朽，确实是个难得的奇迹。

人们经过检查得知，禅师的腹内并无一点污物，体内渗满了防腐的物质，而且嘴和肛门都封住了。这些可能是肉身不朽的主要原因。这种防腐物质很可能与他临终前饮用的大量汤药有关。但那究竟是些什么草药，已经无从考究了。

无独有偶，意大利西西里岛的地宫里，也存放着一具保存完好的尸体。这是个年仅2岁的女童。

现在，这个女童安眠在一具玻璃棺内，被放在一个单独的房间里。女童名叫罗萨莉亚·朗姆巴多，因肺炎死于

1920年。

这个不幸夭折的小女孩，无论以何种角度看上去，都让人觉得尚在人间。她圆圆的脸庞红润又美丽，她的皮肤看上去还是粉嫩、光滑的样子，她金色的头发上还戴着一个美丽的蝴蝶结。当人们凝视着罗萨莉亚那甜美的睡姿时，都会情不自禁地感到：她那精致的眼睫毛随时会颤动起来，那双轻轻闭合的眼睑很可能会忽闪而开，她那娇小的身躯会轻轻地伸展开来。不知情的人怎么都没法想到，她已经死了近百年，早已成了一具不腐的尸体。

据说，当罗萨莉亚死去的时候，她的母亲悲痛万分。悲伤的母亲请来一位叫萨拉菲亚的医生，恳求他把女儿的尸体保存下来。医生为这个刚刚死去的女童做了一种特殊的注射，把这具尸体完好地保存了下来。

遗憾的是，这位医生不久就死去了，那保存遗体的秘方也成了永远的秘密。

看来，要解开这些令人震惊的尸体不腐之谜，还需要更深入的研究。

探秘小人国

在一个神奇的国度，生活着一群快乐的小人。他们的个头只有我们的1/12大。同样，小人国的动物、植物以及一切物体的尺寸也只有我们的1/12大。这是著名的《格列佛游记》中的故事。

同样，在古代中国，也有类似的故事。清朝的纪昀在

《阅微草堂笔记》一书中，记载了两则关于小人的轶事。

第一则是在卷三的《滦阳消夏录三》。在乌鲁木齐，人们经常能看到身高只有一尺左右的小人，有男有女，有老有幼。每当红石榴树开花时，这些小人就活跃起来。他们喜欢折下石榴树枝，编成小小的花环戴在头上，开始成群结队地唱起歌，跳起舞。

他们的声音细细的，听上去就像小鹿的叫声。

有的小人还会悄悄地到朝廷驻军的帐篷内偷窃食物，如果不幸被抓到，就跪在地上默默地哭泣。

如果把他们捆绑起来，他们就绝食而死。如果把他们放了，他们也不会马上跑开，而是慢慢地走出几尺远，回头张望一下，如果发现有人在追赶，马上又跪在地上哭泣起来；如果没人追赶，他们就慢慢地走远，直到走出很远的距离，才迅速地跑入深山。

但是，清军一直都找不到这些小人的居住处，也不知道该如何称呼他们。因为小人们喜欢戴红榴枝花环，所以大家就把他们称为“红榴娃”。

传说，当时邱县（今河南省辉县）丞天锦巡视牧场时，曾抓到一个“红榴娃”，把他带回去后仔细端详，发现小人的胡须和毛发都跟平常人一样，可以判断不是动物或妖怪。

另一则小人的故事记载在该书卷十八《姑妄听之四》，是作者听清军守将吉木萨讲述的。

吉木萨说，他曾追赶一只山雉，一直跑到了深山中，看到好像有人在悬崖上，就穿过山涧查看，发现在离地四五丈的地方，有一个脸上、手脚上都长满了黑毛的人。这个人穿着紫色的毛披风，对面坐着一位烤肉的女子，这名女子面容姣丽，穿衣打扮看上去像蒙古人。女子没有穿鞋，身上穿着绿色的毛披风。

在他们旁边，有四五个人在服侍，他们仅有小孩儿大小，身上什么都没穿，看见人就开始嬉笑。他们的语言既不是蒙古话，也不像什么方言，听上去就像鸟叫一般完全听不懂。

吉木萨觉得他们不像妖怪，就对他们行礼。

突然，从悬崖上扔下来一块熟的骡肉。吉木萨就又行了个礼，表示对他们的感谢，两个人都对他摆摆手，表示不用谢的意思。

后来，吉木萨跟牧马人一起来到这里，想寻找那些人，却再也找不到了。

很多地方都有小人国的传说，难道这个世界上的某个地方，真的生活着比我们小得多的人类吗？

这些神奇的故事引起了我们无限的遐思。为什么古今中外的文学作品中都有小人国的记载？这究竟是文学家们想象力的巧合碰撞，还是确有其事？

据说，柏林大学的法兰兹博士在墨西哥中

部考察时，曾经在一个洞窟里挖出一些奇怪的东西。这是一些小小的生活用品和装饰品，看上去就像玩具一样。挖到最后，竟然发现了一具约12厘米高的骸骨。而且，这具骸骨的样子已经是成年人，绝不是小孩。经过科学家的调查，这具骸骨的年代在大约5000年前。

那么，小人国真的存在吗？他们现在还生活在世界上某个角落吗？他们跟人类有什么关系？这些未解之谜都有待人们去探索。

印加人的凌乱绳结

秘鲁安第斯山脉的崇山峻岭上有座神秘的古城——马丘比丘，这里隐藏着印加帝国的遗址。

据史料记载，印加帝国在15世纪末达到了鼎盛时期，控制了南美洲的广大土地。1533年，随着西班牙殖民者的入侵，印加帝国在腥风血雨中消亡了。

印加人没有文字，却创造了一个独一无二的替代品——奇谱。

目前发现的大约700个奇谱，均由打结的棉制或羊毛制的绳子组成，染成了多种颜色，有时包括了几百股各种长度的绳子。这种神秘的绳结一般是在一根主绳上串着上千根副绳。

一直以来，科学家们对这些绳结困惑不已。大多数文明早期都使用象形文字或图像，然而印加人留下的却是棉线和绳结，难道印加帝国没有任何书写方式？如果这样，那么国家大量的信息是如何保存和传递的?

印加人利用绳子记录数据的这一秘密，是在20世纪初由美国自然历史博物馆的考古学家L.里兰德·洛克破译出来的。

洛克的研究表明，印加人对包括零在内的重要数学概念有着惊人的理解，所有的奇谱都有特殊的意义：“结”代表一个以“十”为基础的十进位的计数体系，而“结”在绳子上的位置则表明它们的位数。

例如，1705只羊驼，或者1705穗玉米，人们将会这样记录：在“千”的位置上打1个结，在“百”的位置上打7个结，在“十”的位置上没有打结，在“个”的位置上打5个结。

洛克认为，奇谱不仅记录数据，还是一种“会意文字”，同时也是印加帝国统治的工具。它将官方需要的各种统计数据编码，从某个月份某个提供劳役的男性劳力，到国内每个粮仓存储的谷物，奇谱的内容几乎无所不包，无所不能。

对奇谱的最新解释来自哈佛大学的考古学家乌尔顿。他用电脑对奇谱进行了系统的分析。乌尔顿根据奇谱的重要元素，建立了一个奇谱资料库，想从中找出绳结排列的规律。

乌尔顿做了一个大胆的假设：奇谱制造者利用绳子本身不同的特性，代表不同的含义。这些因素包括材料的种类，旋转和编织的方向，垂带系在主轴上的正反，绳结本身的方向等。

印加奇谱有着不同材质、不同编结方式，这些五花八门的绳结或许是一种独特的文字。

他具体分析了7个奇谱，根据这7个奇谱的排列方式，乌尔顿认为它们是从统治的最高层往下，一层层传递信息的。根据这种传递的顺序，这个地方曾经是印加帝国的政治中心。

看来，奇谱所表达的含义非常丰富，如果这种方式是正确的，人们很快就能破解出所有奇谱的含义。

乌尔顿认为，如果奇谱只是为了计数，根本没必要弄得那么复杂。奇谱之所以这么出名，就是因为它比一般的结绳记事要复杂得多。人们在好奇的同时，自然也得深入思考一下它想表达的含义。

看来，奇谱密码的破解对了解当时强大的印加帝国，是一个极其重要的突破。但遗憾的是，目前还没有其他更令人信服的证据能证明奇谱的文字功能，也就无法解开奇谱的其他谜点。因此，印加人的凌乱绳结，仍是一个未解之谜。

众目睽睽下逃脱的人

19世纪末20世纪初，美国出现了一个神奇的逃脱大师，无论他被锁得如何牢固，仍然能在所有人的眼皮底下神不知鬼不觉地逃脱。他的名字叫哈里·霍迪尼。

当时，他享誉世界，名声堪比好莱坞影星。至今，哈里·霍迪尼仍然是逃生术表演的代名词，他甚至被誉为“现代魔术之父”。

据说，霍迪尼的表演会让人们觉得无懈可击。他每到一个地方，都会先去那里的警察局，要求当地警察拿手铐把他铐住。刚开始，警察当然不搭理他这种请求。但在他的一再坚持下，警察通常被纠缠得不耐烦了，就用手铐顺手把他锁起来。可警察才转身走了两步，霍迪尼就已经把自己从手铐中解放了出来。

更离奇的是，有一次霍迪尼被锁在了莫斯科的重犯牢笼里，还戴上了手铐脚镣。然而在二十多分钟后，他居然大汗淋漓地从牢笼里走了出来，没有人看到他是如何出来的，牢笼也没有任何一点被毁坏的痕迹。

1902年，在英国的一次逃生表演中，霍迪尼被人用两把锁牢牢地锁住，人们都觉得他肯定脱不了身。

但霍迪尼却拒绝放弃，继续努力。

两小时后，他终于成功脱逃了出来。第二天，

逃脱大师的逃脱技术非常高超，甚至堪比魔法。直到现在，人们都没法知道他们的逃脱绝技是怎么练成的。

霍迪尼胳膊肿胀起来，出现了瘀痕。人们纷纷猜测他受伤是锁太紧的缘故。可是，尽管如此，霍迪尼成功逃脱的事实却不容置疑。

那么，霍迪尼究竟是怎样在众目睽睽之下逃脱的？

这个问题困扰了人们很久，就是很多亲眼看过他表演的人，也无法说明白个中究竟。

直到近几年，一本名为《霍迪尼的秘密人生：美国第一个超级英雄是如何诞生的》的书出版，人们才从中略知一二。

传记作者斯洛曼和卡鲁什说，逃脱大师霍迪尼其实有另一个鲜为人知的身份，但这个身份却比他逃脱大师的身份更为重要——原来，霍迪尼是一名为英国警方和美国情报部门工作的间谍。

在这本传记中，斯洛曼详细地讲述了霍迪尼如何以演艺生涯为掩护，在美国、欧洲等地为英国警方搜集情报的故事。

霍迪尼的经历甚至比好莱坞电影的主角更富传奇色彩，他不仅帮助政府搜集信息，还协助美国情报部门追捕造假者。

原来，两位作者在阅读英国老牌间谍梅尔维尔的日记时，发现里面提到霍迪尼好几次，于是产生了怀疑。他们根据这一条线索展开了研究，最终发现了霍迪尼跟英国警方的关系。

霍迪尼的表演事业是在梅尔维尔的帮助下展开的。当时，梅尔维尔供职于英国伦敦警察局（即苏格兰场），他给梅尔维尔安排了一场试演，用手铐把霍迪尼铐住，让他成功地表演逃脱绝技。

终于，功夫不负有心人，这场试演得到伦敦一家剧院老板认可，霍迪尼因此一夜成名。

可是，霍迪尼不是白白得到梅尔维尔帮助的。梅尔维尔提出了交换条件——霍迪尼必须为苏格兰场充当间谍。以后的间谍生涯中，他的逃脱绝技也越来越纯熟，渐渐地成为了世界知名的逃脱大师。

霍迪尼的逃脱绝技是从间谍部门学来的吗？还是他本身有这种天赋，所以被间谍机构所用？随着当事人的故去，这些谜题或许永远都无法解开了。

稀奇的异种人

根据遗传特征，全世界可分为三大人种：蒙古人种、尼格罗人种、欧罗巴人种。从肤色特征分类，则有黄色人种、黑色人种、白色人种和棕色人种。

当然，这些分类不是绝对的，世界上还有由于不同种族之间的相互通婚而产生的混血人种。

但令人惊奇的是，随着时间的推移，人们在地球上的视野逐渐扩大，发现除了上述几个常见的主要人种之外，地球上竟然还生存着一些鲜为人知的特殊人种，人们把他们统称为“异种人”。

在非洲，有人发现了绿色人种，他们全身皮肤的颜色像草一样翠绿，甚至连血液都是绿色的。

据考察，这一人种只有3000多人，他们至今还过着穴居生活。

无独有偶，有探险家在撒哈拉沙漠发现了一族人数极少的蓝色人种，他们就如蓝色小精灵般机灵，只要一看见其他肤色的人种就逃跑，所以，人们至今还没查清他们的生活习性和人口数量。

另外，美国加利福尼亚大学医学院著名运动生理专家维西，在智利欧坎基尔查山海拔6000多米的高处，也发现了适应能力极强的蓝色人种。

在日本某地，住着一种身体血管里流淌着黑色血液的人，其外表与普通的黄种人没有什么差别，但当他们的皮肤受伤而流血时，人们才知道他们的血液竟然是黑色的。

至于世界上是否还有其他特殊的人种存在，科学家称现在还难以下定论，因为地球上还有许多我们从未涉足的地方。

这些人种特异的血色是怎样形成的呢？科学家从具有蓝色血液的动物身上得到了启发。

科学家发现，在海洋中，有一种大王乌贼和马足蟹的血液是蓝色的，海蛸和墨鱼的血液却是绿色

“异种人”传闻中最常出现的是蓝色人种，他们真的存在吗？除了血液颜色，他们跟人类又有什么别的不同？

的。那么，从它们身上出发，是不是能研究出“异种人”血液颜色不同的奥秘？

原来，血液的颜色是由血细胞蛋白中含有的物质元素所决定的：使血液变蓝的叫血蓝蛋白，因为里面含有大量的铜元素；使血液变绿的叫血绿蛋白，因为里面含有大量的钒元素。

从这一理论出发，不难推测，蓝色人呈蓝色，可能是因血液中缺铁而铜过多造成的，绿色人呈绿色，可能是因为血液中多钒的缘故。

但是，这又无法解释黑色血液的成因，因为至今为止，自然界还未发现具有黑色血液的动物。

这些异肤色或异血色人种的发现，向传统人类学研究提出了挑战：这些特征是怎样形成的？血色与肤色有什么必然联系？这些“异种人”为什么没像我们一样发展为成熟的族群，而只是在小范围内存在？

这些都是难解的问题。

有些科学家甚至根本不承认“异种人”的存在，他们认为这些故事只是以讹传讹的结果。

但是，大千世界无奇不有，目击“异种人”的事例和人都越来越多，孰是孰非尚难判定。不过，我们相信，随着科学的进步，人们一定能解开这些谜题。

神秘部落的“鳄鱼特征”

这是一个神秘的种族——“鳄鱼人”。近年来，科学家在位于巴布亚新几内亚的东塞皮克省发现了这个神奇的部落。

这个部落中的男子，皮肤就像鳄鱼一样，呈龟裂状，看上去既神秘又可怕。究竟是什么导致了这一现象？这个神秘的部落跟鳄鱼有什么关系吗？

这个部落流传着一个传奇的故事，他们认为，鳄鱼是他们的祖先。那些鳄鱼在迁徙过程中，途经塞皮克河时，把部落里的青年都吞到了肚子里，然后把他们变成了“鳄鱼人”。

在他们的传说中，现在的人类就是从“鳄鱼人”进化而来的。因此，他们对自己龟裂的皮肤感到很自豪，因为那些伤痕就象征着鳄鱼的牙齿，是他们从鳄鱼进化为人类的勋章。

难道这种传说是真的？人类是从鳄鱼进化来的？这简直是冒天下之大不韪，我们都知道，人是灵长类动物，人的祖先又怎么能是鳄鱼呢？

很多科学家认为，这个部落的男子呈现鳄鱼特征是一种返祖现象。可是，这种观点本身就承认了这个部落起源于鳄鱼的传说。

就算真的是返祖现象，那为什么只有男子有鳄鱼特征而女子没有？

这些疑问都在挑战着那个古老的传说。后来，科学家在这个部落进行了深入的调查和研究，结果出人意料：“鳄鱼皮”现象是该部落特殊的宗教仪式造成的，而不是许多人认为的返祖现象。

那是一种古老又神秘的宗教仪式，是这个部落的青年进入成年的一个必经的环节，相当于“成年礼”。整个仪式饱含了艰难和痛苦。

参加这个仪式的男子必须在自己全身的皮肤上都留下伤疤。人们用竹棒敲打这些男子的背部、屁股和胸膛，男子们的皮肤都被撕裂开来；由于真皮层会产生胶原物质，所以一旦伤口结疤，就形成了“鳄鱼皮肤”。这些伤疤一般是圆形或椭圆形的，以直线形式排列。

这种仪式除了单纯的庆祝外，还有个非常重要的作用——测试青年男子的勇气，以及确立一些男子成年后行动的纪律。

科学家认为，这样的仪式背后隐含着深远的精神和象征寓意，意味着青年男子在成年后就要经受住各种痛苦和压力。

而且，这种行为不只是存在于这一个部落。在很多赤

在这个部落中，男子身上的皮肤跟鳄鱼一样，他们认为鳄鱼是自己的祖先。难道人类跟鳄鱼真的有某种亲缘关系吗?

道一带的部落中，这种“皮肤划痕仪式”也比较常见。有些部落甚至与“鳄鱼部落”恰好相反，只把女性的皮肤划刻上许多痕迹，他们认为，女人身上的伤疤就像很多其他部落的文身一样，看上去更加性感。

虽然各个部落的“划痕仪式”都不同，但它们一般都有强化人们的身份、地位和氏族宗教信仰的作用。至此，“鳄鱼人”的秘密终于大白于天下。

比毒蛇更毒的人

在大千世界里，有一些体内有剧毒的奇人，他们往往能毒害别的生物，自己却并不受毒素的伤害。

在美国匹兹堡就有这样一个人，他叫格兰。一天，格兰不小心被一条响尾蛇咬了一口。响尾蛇是一种毒性非常强的蛇，可格兰被咬之后，却一点儿事都没有，而那条响尾蛇没爬多远竟死了。科学家们对格兰的血液进行了化验，发现他的血液里含有氰化物。学者们推测，由于格兰在工作中经常跟有剧毒的氰化物打交道，天长日久，他可能对氰化物产生了适应性，身体里也蓄积了大量的有毒物质。因此，任何动物咬了他，都有可能中毒而死，就连响尾蛇也不例外。

相似的案例在其他地方也发生过。

五步蛇是一种著名的毒蛇，人畜被它咬后，不出五步就能毒发晕倒，它因此而得名。但是，重庆彭水县的陈洪儒却是个不怕五步蛇咬的人。

陈洪儒有一个五步蛇的养殖场，由于职业关系，他经常会不慎被五步蛇咬一口，但是每次都若无其事。

据陈洪儒自己说，他年轻时曾经拜师学过中草药治疗蛇伤的技艺，凭着过硬的技艺，可以配制出有效解蛇毒的药。后来，陈洪儒开始饲养富有药用价值的五步蛇。刚开始，陈洪儒被毒蛇咬过之后，会立刻用随身带的草药进行治疗；但几次之后，他发现自己对五步蛇的毒素已经有了“抵抗力”，从此，他被咬后就算不用草药也不会中毒。

养五步蛇已经长达十个年头了，陈洪儒总共被蛇咬过一百多次了，现在，被蛇咬一口，他只是痛一下，根本没有什么别的反应。他认为，自己身体内已经产生了大量对抗蛇毒的抗体，能够抵抗住所有的蛇毒。

俄罗斯人安东·沃罗比耶夫也有类似的“功力”。他不仅能抵抗住毒蛇的噬咬，还能抵抗住其他有毒生物的毒汁毒液。

安东发现自己有这种特异功能大概已经有5年了。他曾经养殖了很多有毒动物，跟它们朝夕相处数年之久。

有一天，他突然想试试动物的毒液对自己是不是有影响。在做了充分的准备后，他开始了一个危险的试验：在手臂上割开一个小口，向伤口处滴了几滴蝮蛇的毒液……他准备好了，如果接下来毒发，先用药物控制，然后去医院进行急救……可是，时间一分一秒过去，他竟然一点异常反应都没有！

直到现在，安东还是活得好好的。偶尔被毒蛇咬一下，就跟被一般蚊虫叮一下没什么区别，那些毒液对他根本不起作用。

安东不仅对毒蛇的毒液有抵抗力，对野蜂的毒液也有很强的抵抗力。安东不久前在森林里的一次遭遇就能证明这一点。他在砍伐一株老树时，惊动了树上的野蜂窝。结果，黑压压的蜂群一下子俯冲下来，狂蜇这个破坏它们家园的入侵者。安东至今回忆起来仍然心有余悸："我被蜇得生疼，身体也肿胀起来，但是过了数小时后，一切又都恢复正常了，好像什么都没发生过。"

这究竟是为什么呢？是吸收了动物的毒液后"以毒攻毒"，还是安东体内已经产生了对毒液的抗体？

对此，安东有自己的看法："天然毒液对不同人的影响程度也不同，这取决于肌体的敏感程度。我总是觉得自己的身体对毒液非常敏感，一旦毒液侵入，我的血液就能瞬间凝结，来抵御毒素入侵身体的循环系统。"

这些毒人不仅毒不死自己，还能抵抗住毒物的毒素。关于这种"特异功能"的成因，虽然说法很多，却没有一个能拿出令人信服的证据。

超乎想象的奇人

人们常说，人是形形色色的，但是有些人行为和功能的怪异却超出了一般人的想象。

在美国加利福尼亚州的蒙培镇，有个叫格利斯的人，是个舞蹈工作者。他是个跳独脚舞的舞者，舞技很精湛。

这倒没什么稀奇的。奇怪的是，就是在日常生活中，他也从不往椅子上坐，一天到晚，他不是一只脚一蹦一跳地走路，就是金鸡独立似的站立着休息，如果一只脚站累了，就换另一只脚继续站着。

更有趣的是，他从来不愿躺在床上睡觉。他困了就用一只脚站着，闭上眼睛，一会儿就能进入甜蜜的梦乡。

格利斯自己也不知道这是怎么回事儿。每当他用双脚站着的时候，头就会刺痛起来，身体则处于一种轻飘飘的感觉中，但如果坐着或躺着，他就会立刻昏过去！相比之下，还是单脚站着最舒服。

华安列克是法国的一个水手，长得又高又壮，他一生没喝过半滴水。有人不相信，邀他到非洲撒哈拉大沙漠去旅行，邀请者用5只骆驼带足了能维持800多千米行程的水量，但是，一路上华安列克不仅不喝半滴水，而且还大吃饼干。走了足足20天，邀请者渴坏了，华安列克却没有半点异样。

在澳大利亚的阿得雷德城，有个名叫毕格斯的50岁女人，她因为入水不沉而轰动了新闻界。

毕格斯从未学过游泳。不久前，她第一次来到游泳池，一进水，发现自己像一块软木似

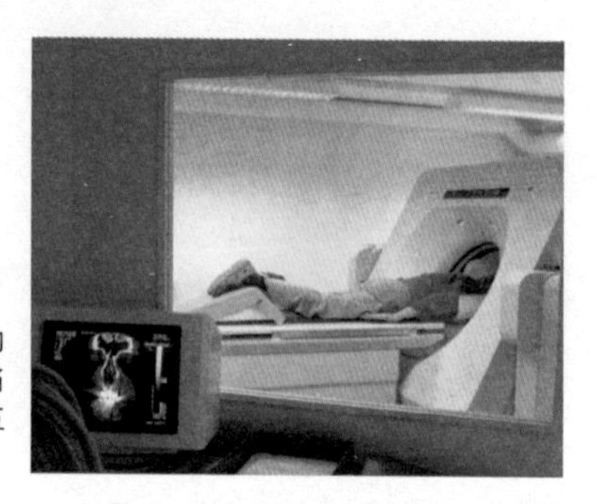

医生通过CT机可以看到病人的内脏。可是，竟然有人凭肉眼充当天然X光，直接就能看见人的五脏六腑。

的，自动地浮到了水面上。

她感到很惊奇，后来，她有意在自己的身上绑了块石头，结果仍然还是不会沉到水下。对此，不仅她自己莫名其妙，医学家们至今也弄不清原因。

1987年6月，在苏联的乌克兰共和国出现了一名具有“特异功能”的中年女人。她的双眼就像一台X光机，当别人站在她的眼前时，她可以把别人体内的器官看得一清二楚！

这个神奇的女人名叫尤利娅·沃罗比约娃，已经近50岁了。这种功能并不是她与生俱来的，而是在一次劫后重生中获得的。

尤利娅·沃罗比约娃本来是一名吊车司机，1978年，沃罗比约娃在工作中不幸被380伏电流击中，送入医院后仍然昏迷不醒。当时，人们以为她已经死了，把她送到了太平间。

一天后，有人突然发现她还有微弱的呼吸。经过再一次的抢救，她昏迷了两周才醒来。接下来的日子也不好过，半年之中，她都被头痛引起的失眠折磨着。没想到在头疼和失眠都突然好了之后，尤利娅·沃罗比约娃突然发现自己竟然能直接用肉眼看见别人体内的器官！

更为奇特的是美国弗吉尼亚州杜姆斯区的莱尔·沙利文在一生当中曾经七次遭到雷击而不死，人们给他起了个绰号，叫做“雷电莱尔”。

具有特异功能的人还有很多，而对于人类的这种种特异功能，专家们至今未能做出令人满意的解释。

“得道成仙”的人

我们都知道，人的一生中大概有三分之一的时间是在睡眠中度过的。传统医学认为，人如果超过一定的时间不睡觉，大脑就会死亡。可是，世界上有些人竟然不需要睡眠。他们的大脑跟平常人不同吗？他们难道像传说中的人一样“得道成仙”了吗？

瑞典女子埃古丽德就是这样一个例子。自从1918年埃古丽德的母亲突然去世后，她伤心万分，再也不能像以前那样睡眠了。

她为此很是苦恼，看过医生，吃了很多镇静药和烈性安眠片，却没有任何效果，她仍然无法入睡。

每到夜里，她都不停地干家务活，疲倦时就稍微休息一会儿。但令人奇怪的是，长期不睡觉并没让埃古丽德感到身体不适。

这样过了很多年，直到埃古丽德86岁高龄时，住在养老院里的她仍然身体健康，精神也挺好。

20世纪40年代，美国出现了一位著名的“不眠者”：奥尔·赫津。这位老人居住在新泽西州，由于长年不眠，他的家里连床都没有准备。一生当中，他从来没睡过一会儿觉。

许多医生得知了这个消息后，轮班对他进行观察，发现他虽然不睡觉，但精神状态及生理状态反而比一般人要好很多。

他的休息方法很特别，每当感到体力不佳时，他就坐在一张旧摇椅上读点东西，当他感到体力恢复后，就又开始劳动。

医生无法解释奥尔的这种神奇功能。奥尔的母亲说，自己生他前几天曾经受到严重的伤害，这可能与奥尔的不眠现象有关。

从不睡觉的奥尔活到九十多岁，他的寿命比大部分人都长。

西班牙的塞托维亚也是不睡觉但精力旺盛的人。19岁那年，塞托维亚突然从睡眠中惊醒，从此以后，睡眠就开始日渐减少；到了1955年，他已经完全不用睡觉了。三十多年过去了，这位西班牙人已经度过了无数个不眠的昼夜。

西班牙医学界对他极感兴趣，甚至对他进行了各种催眠措施，然而都是徒劳的。尽管塞托维亚常年不眠，他看上去却丝毫没有倦意，每天都朝气蓬勃。

每天晚上，他都像正常人一样躺在床上，用读书、听收音机来代替睡觉；到了早上，他就和大家一样起床，开始了一天的工作。

睡眠是人类大脑必需的休息，但是，世界上竟然存在不睡觉的奇人，这又是怎么回事?

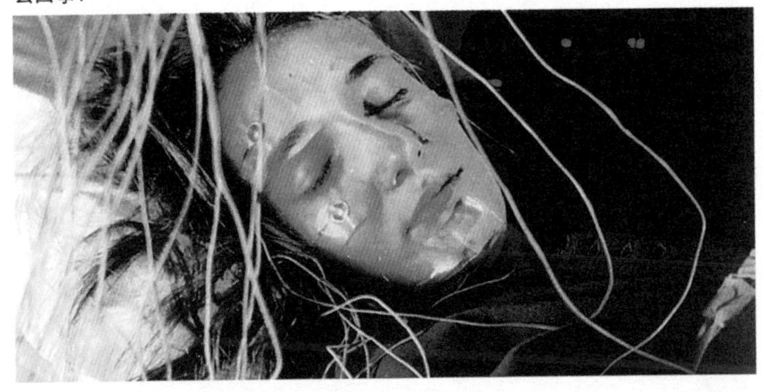

古巴有位纺织工人伊斯也是如此。从13岁开始，他已经有40多年从未睡过觉了。他当时得了一次脑炎，进行了扁桃腺切除手术，年纪轻轻的他吓得不行，从此以后竟然失去了睡眠的能力。

1970年，几个医生对他进行了长达两个星期的监测观察。结果证明，伊斯即使闭上眼睛躺着，脑子也未进入睡眠状态，跟醒着的人一样活动。

那么，无法睡眠是否属于脑功能障碍呢？理论上是这样，但事实上，有些不眠者的智力反而比较高。

法国人列尔贝德就是个很好的例子。他1791年生于巴黎，到1864年去世时，竟然有71年都没睡过觉。

不眠原因可能与他两岁时遭遇的一场事故有关。1793年，他和父母一起去看国王路易十六的绞刑，没想到观众席突然倒塌，他被压在了下面昏迷过去。经过医生的抢救，他醒了过来，但受伤的头盖骨却难以补好，留下了严重的后遗症。没想到，这让他一生都无法睡眠了。

但是，这并没有影响到他的读书和进修，他顺利地成为一名颇有名望的学者。至于列尔贝德的大脑是怎么做到无休止地工作的呢？对此我们就不得而知了。

现实中的霹雳人

小男孩贝贝从一出生就身上带电。家人怕他被别人当做怪物，总是把他关在家里。有一天，贝贝偷偷跑出去玩，结果电到了邻居家的小伙伴，邻居跑来告状，说贝贝拿针扎小朋友。星期天，爸爸妈妈开车带他出去玩，途中总遇见红灯，贝贝偷偷地用手对红灯放电，结果，红灯都变成了绿灯。公交车上，一个年轻的小伙子跟老奶奶抢座位，贝贝悄悄用手指对着小伙子，小青年被电得大叫，只好疑惑不解地站起来，老奶奶坐下后却安然无恙……

这是电影《霹雳贝贝》里的情节，看过的读者一定不会陌生。我们都知道这只是电影作品，但是你能想象吗，生活中确实有带电的“霹雳人”。

英国曼彻斯特的普琳夫人就是个活生生的带电体。这位41岁的妇女接触很多东西的时候，常常有电光和响声发出来。最突出的放电现象是她熨衣服的时候，每当她拿起电熨斗，就有很强的爆裂声传出。

更可怕的是，她在打理自家的温水鱼缸时，竟然把浴缸里的九条鱼电死了。她的丈夫说，普琳夫人就是躺在床上时也会引起静电感应。他在同妻子接吻时，嘴唇也会有痉挛感。

医学家和科学家给普琳夫人提出一个摆脱电流的建议：每天多冲几次凉，并在脚踝上缠一段铁线，把铁线的尾部拖到地上，就能把电流导入地下。

牛津大学天体物理学家尚理斯说，人人都带有静电，但不知道为什么，普琳夫人不能像其他人那样摆脱电流。测试显示，她所带的静电超过常人的五倍。

在马来西亚的一个垦殖区有一户奇特的人家，这家的七个孩子体内都带有超常的静电。

每当孩子们骑在童车上，身体跟地面不接触的时候，头发就会全部竖起，仿佛是触摸了科技馆的静电球。

几个孩子中，六岁的女孩索英哈带电最强，人们触摸她的身体时就会有轻微的电击感。

他们的父亲索嘉布拉说，最先开始带电的是索英哈。她生过一场小病，痊愈之后身上就开始带电，没多久，其他孩子也变得跟她一样了。

这样的带电者只是生活上有点不方便，倒也无大碍，但是有些带电者甚至引发了灾难。

在美国俄亥俄州曾经发生过这样一件事：一家电机厂频频发生小火灾，最夸张的一次是一天中竟然发生了八次火灾。工作人员怎么也追查不出原因，最后特意请来一位专家，对所有的员工进行系统的检查。

这位专家让员工们手握电线，轮流站到金属板上。当一位女工踏上金属板时，电压计突然剧烈地狂跳不止。

经过检测，这位女工身上竟然带了电压高达3万伏特、电阻为50万欧姆的静电，每当她接触易燃物品时，就很有可能引发火灾。

后来，这个女工从这个工作岗位上被调走了，这个电机厂果然没有再发生过这种火灾。

至于这些“霹雳人”为什么会带电，又为什么无法顺利释放静电，科学界至今还没有一个系统的解释。

一半是疯子，一半是天才

我们常说：“天才的一半是疯子。”确实，很多天才看上去总有些常人无法理解的怪癖或古怪行径；很多“疯子”也常常在某一方面表现出超人的天赋。

自闭症患者就是很好的体现，他们虽然在生活上存在与他人的沟通障碍，也有很多不合常规的行为，但往往在某个特定的领域具有超常的天赋。

现年27岁的德雷克·帕拉维奇尼就是一个很好的例子。他虽然已经是个成年人，却仍不会数数，也不会自己穿衣吃饭。

据说，德雷克是卡米拉前夫安德鲁·帕克·鲍尔斯的外甥。他是个早产儿，由于吸氧过量，落下了失明等终身残疾。

这个可怜的孩子患有先天自闭症，在语言学习上有严重的障碍，一直没法跟人沟通，生活也不会自理。

可是令人吃惊的是，长到一岁半时，父母惊讶地发现他竟然很喜欢家中的一台玩具管风琴。要知道，全家人对音乐都是一窍不通呀！

从四岁开始，德雷克就在音乐上表现出超强的天赋，并无师自通地学会了演奏钢琴。

那是很普通的一天，德雷克在家听到隔壁传来了钢琴声。那是邻居家的女孩在弹奏。没想到，德雷克听到这优美的音乐，立刻挣脱父母的怀抱，顺着钢琴声直奔而去。

到了那里，他二话不说就把小女孩从钢琴前一把推开，自己坐上琴凳，津津有味地弹奏起来。这个孩子就这么学会了钢琴，大家纷纷惊讶不已。

后来，德雷克的恩师、音乐心理学家奥克利福特说：

“帕拉维奇尼拥有非凡的才能，他并不像一般演奏者那样弹琴，而是手脚并用，有时候甚至用鼻子和肘部一起来帮忙。他显然从来没有系统地学过钢琴，却能够把整首音乐剧《贝隆夫人》的主题曲《阿根廷，别为我哭泣》弹奏出来。”

从看到德雷克演奏那一刻起，奥克利福特立刻意识到眼前的这个自闭症儿童是个难得的音乐奇才，当场就把他收为徒弟。

不仅如此，德雷克对音乐的记忆力也非常惊人，他对所有乐章都能过耳不忘。不论是多么难的旋律，只要让德雷克听上一遍，他就能丝毫不差地弹奏出来。纵观音乐史，能够有如此高音乐天赋的，恐怕只有神童莫扎特了。因此，德雷克也被誉为“再世莫扎特”。

在德雷克近三十年的生活中，他几乎不会说话，没法跟外界沟通。这时，钢琴就是他跟外界沟通的唯一方式。

生活中的他仍然是个长不大的孩子，他连左右都分不清，数数只能数到十。如果没人帮忙，他甚至没办法穿衣服和吃饭，家人只能24小时地贴身照顾他。

现在，德雷克已经在英格兰萨里郡的“全英皇家盲人协会”的音

某些自闭症患者对音乐、绘画、数学等表现出超常的兴趣，他们在特定领域的造诣甚至高过很多正常人。现在谁也无法解释这种现象。

乐学院开始了深造。

在恩师奥克利福特的悉心教育下，德雷克的音乐天才得到了充分的发挥，得到了人们的认可，他又被称为“自闭症天才”。

后来，他在美国拉斯维加斯市演出，数千名观众纷纷赞叹；他还准备前往好莱坞和康涅狄格州巡演。现在，在恩师和家人的准备下，他甚至要推出个人专辑。

类似的例子简直数不胜数，这些“疯子天才”的事迹令无数人大为惊叹，但直到现在，人们也没法解释这种现象的成因。

诡谲催眠术

一个人躺在舒适的椅子上，旁边的催眠师用舒缓的语调说着什么，被催眠者慢慢地开始讲述自己的某种经历，甚至伴随着讲述开始痛哭流涕……

一段长长的催眠过去，被催眠者缓缓醒来，解开了心中积压已久的“包袱”，仿佛得到了某种新生。

一个人在催眠师的指导下，误认为自己是杀人凶手，在忍受着强烈的愧疚感和无力感后，接受催眠师的唆使，开始替他进行邪恶的犯罪行为。等到被催眠者苏醒的时候，却对做过的一切浑然不知，丝毫不记得自己曾经成为了其他人手中罪恶的尖刀。

这些场景在文学作品和影视作品中不难见到。我们对催眠术已经不再完全陌生。可是，这种带着些许神秘和诡谲色彩的催眠术究竟是怎么回事呢？

催眠是用人为诱导方式引起的一种特殊的心理状态，这种状态类似睡眠，但又不是睡眠。催眠的特点是：被催眠者自主判断、自主意愿行动减弱或完全丧失，感觉、知觉发生扭曲或丧失。

许多人认为，催眠的时候，人的潜意识被唤醒，能够回忆起许多自己在催眠前不再记得的东西。

有人说，催眠术从远古时期就存在了。当时，人们很难理解人与自然的奇妙，产生了各种崇拜，在不同的崇拜下，出现了原始的巫术。

远古人类很信任巫师，因为巫师的“法术”可以影响部落里人们的身体健康，掌握人们的情绪变化，亲身受到这种影响的人们难免对催眠术感到惊奇不已。

很多人认为，在远古时期普遍存在的“巫术”，其实就是原始的催眠术，可以影响人们的思想。

在中国，“催眠”可以说是历史悠久、源远流长。古代宗教中的一些仪式，大都含有催眠的因素，只不过在当时，很多类似的行为都被用来行骗，所以被人看作是迷信活动。

在欧美，对催眠术的研究开始得也很早。

18世纪，巴黎有一位喜欢心理治疗的奥地利医生，这名医生叫麦斯麦尔。

他自创了一套复杂的方法，可以运用“动物磁力”来给病人进行治疗。其中最神奇的是，他竟然能让病人躺在自己的一只手臂上。

用现代的观点来看，用神秘的“动物磁力”来进行催眠治疗，实际上就是运用暗示力来给病人进行治疗。

据说，当时法国政府准备出很多钱购买他的治疗方法，但都未果。许多人猜测，很可能连他自己都不清楚这种治疗方法的科学依据，又怎么能把方法卖给别人呢！

后来，一位苏格兰医生布雷德对这一现象很感兴趣，发现运用这一方法能够给手术病人进行麻醉。

19世纪，他提出了“催眠”一词，并对这一现象做出科学的解释：催眠是由治疗者所引起的患者的一种被动的类睡眠状态。

从那时开始，这种手法中的“睡眠”一词改为“催眠”，“催眠术”一词开始被广泛传播，这一术语一直沿用至今。

后来，苏联生物学家巴甫洛夫带领一班人进行了多年的研究，终于让催眠术有了进一步的发展，催眠成为了一门应用科学。

现在，看似诡谲的催眠术已经被应用到医疗等领域，开始造福人类，可是人们还没有把这门科学研究透彻，一切应用都处于比较浅显的阶段。

在接受催眠时，人的潜意识被唤醒，常常会“看见”自己早已忘记的事情。